Celina del Amo

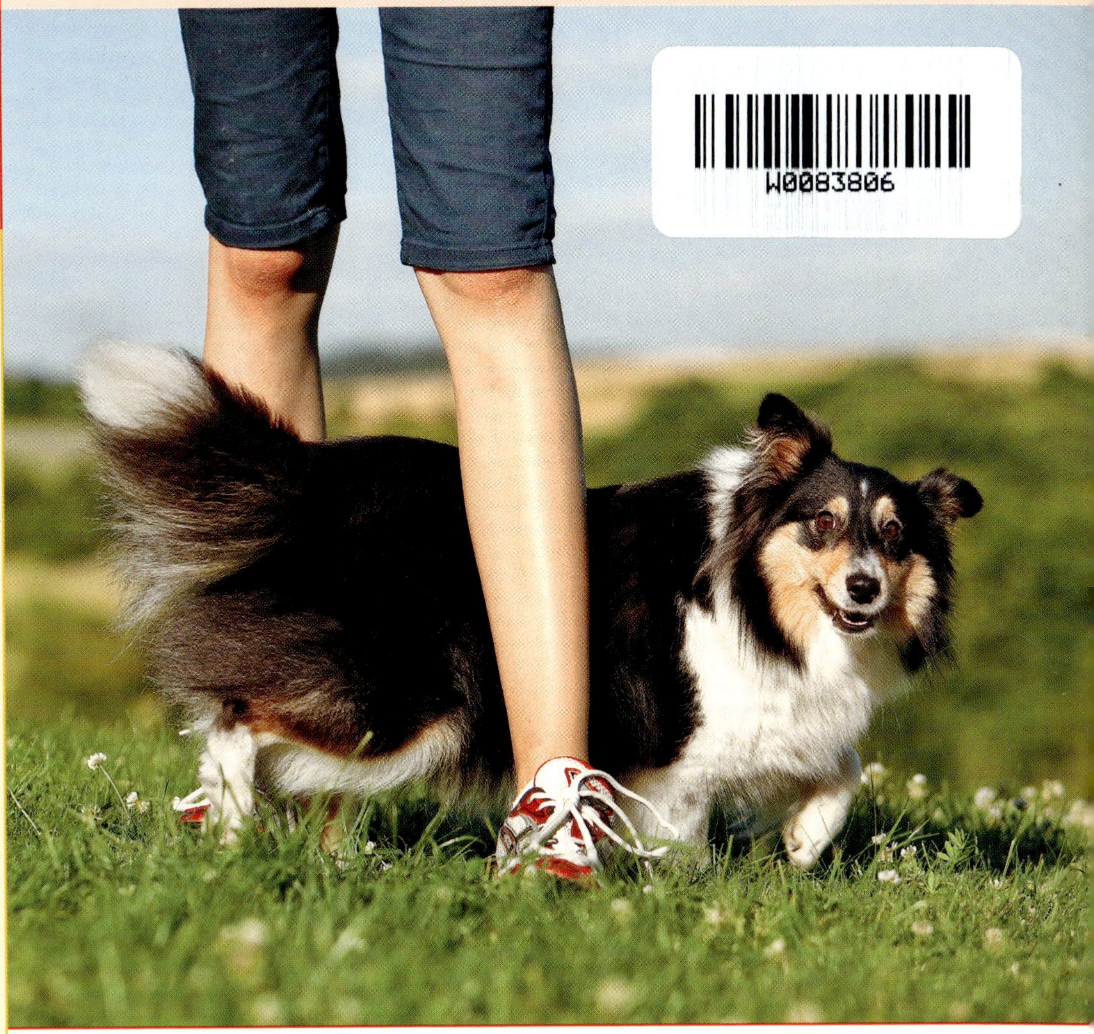

Dogdance

Schritt für Schritt
vom Trick zur Kür

Basics

Gehen Sie einen modernen Weg im Training. Ein „hunde-logischer" Übungsaufbau spart viel Zeit und Mühe.

7

Arbeit ist Spaß

Hunde sind leicht zu lenkende Schüler. Motivation und Konzentration ergeben den Feinschliff.

19

Dogdance-Elemente

Mit einzelnen Kunststücken und Übungen fängt alles an. Sicherlich ist für jeden Tänzer etwas dabei. Was macht Ihnen am meisten Spaß? Wofür kann sich ihr Hund begeistern? Nutzen Sie die Talente!

33

Gut geplant ...

Ein Kunststück ist noch kein Tanz. Eine gute Planung ist Gold wert, wenn man vor Publikum auftreten möchte.

77

Im Duett

Hund und Mensch – faszinierende Tanzpartner. Eigenes Training hilft, dem Lampenfieber standzuhalten.

85

Choreografie

Ran an den Speck! Es soll nun
endlich ein Tanz aufgeführt werden.
Das Publikum wartet schon …

93

Service

102

Basics

Der mit dem Hund tanzt …

Dogdance ist eine relativ junge Hundesportart: Seit Anfang der 1990er-Jahre entstand praktisch zeitgleich in verschiedenen Ländern ein neuer Trainingstrend.

Vor allem bei größeren Veranstaltungen wurden Vorführungen beliebt, bei denen ein Hund-Mensch-Team zur Musik verschiedene Kunststücke darbot.

Je nach Stilrichtung waren diese Vorführungen anfangs noch sehr fußlauflastig oder nur eine Aneinanderreihung von Kunststücken. Nach und nach entwickelte sich daraus aber ein ausgefeilter Sport, bei dem jeweils passend zur Musik teils sehr anspruchs-

Bei einer geraden Sprunglinie muss der Hund nicht „klettern".

volle Choreografien entwickelt wurden und auch die Hunde immer Aufsehen erregendere Tricks zeigten. Es bildeten sich verschiedene Stilrichtungen (Heelwork to Music, Canine Freestyle oder Dogdance) heraus: Nach Belieben kann man entweder selbst sein eigenes Tanztalent unter Beweis stellen oder aber „nur" im Takt laufen und den Hund so zum eigentlichen Star werden lassen.

Das Schöne an diesem Sport ist: Er ist für jeden Hund geeignet! Die einzige notwendige Trainingsvoraussetzung auf Menschenseite ist, Gefallen am modernen Training mit dem Hund und an Musik zu haben. Wenn dies beides gegeben ist, kann sofort gestartet werden.

Anders als andere Hundesportarten ist Dogdance ein Sport, der wirklich überall umgesetzt werden kann. Vor allem bei der Vorbereitung auf einen Tanz ist man unabhängig, denn natürlich können (und sollten) die einzelnen Tanzelemente anfangs erst einzeln und ohne Musik trainiert werden. Das geht im Wohnzimmer genauso gut wie auf der Wiese, in einer Einkaufszeile oder auf dem Hundeplatz. Auch Trainingspartner oder Geräte sind nicht zwingend erforderlich. Also ein perfekter Sport für Zwischendurch, der gute Laune macht!

Je nach eigenem Trainingsziel gestaltet sich die Vorbereitung einfacher oder aufwändiger. Für eine kleine Vorführung

im privaten Bereich reicht es sicherlich, eine schöne Musik zu wählen
und hierzu eine einfache Choreografie
zu entwickeln. Anfangs mögen Lied-
Sequenzen von etwa 30 Sekunden
schon genügen! Mit dem Hund können
dann ein paar interessante Elemente erarbeitet werden, die er passend
zur Musik zeigen soll. In solch einem
Rahmen stört es meist wenig, wenn der
Hund gegebenenfalls auch mit Sichtzeichen oder gar mit einem Leckerchen
angeleitet wird. Für alle, die darüber
hinaus aber auch sportlichen Ehrgeiz
mit dem Hund besitzen, kann ein höheres Trainingsziel angestrebt werden:
längere Musikstücke, anspruchsvollere
Tricks und Darbietungen, die leistungs-
orientierter, also frei von auffälligen
Lockmitteln oder Sichtzeichen sind.
Wenn dies erreicht ist, kann man
getrost in der Öffentlichkeit auftreten
oder auf (Spaß-)Turnieren starten. Für
eine wettkampfreife Leistung in den
oberen Klassen sollte der Hund die
einzelnen Elemente des Tanzes wirklich
zuverlässig beherrschen. Das Training
muss ausgefeilt gestaltet werden, um
für die Tanzdauer von circa vier Minuten
den Hund ohne „echte" Belohnung bei
hoher Motivation zu halten. Wie dies
geht und wie man hier und da kleine
Motivations-Tricks einbauen kann, dazu
später mehr.

Lerntheorie und Übungsaufbau

Zum Start in eine neue Übung ist in
den Trainingsbeschreibungen häufig
das Locken als erste Maßnahme
erwähnt. Dies dient in aller Regel
folgendem Zweck: Sie können über das
Locken erreichen, dass Ihr Hund eine
bestimmte Bewegung zeigt oder eine

Machen Sie den Hund frühzeitig
vertraut mit der rechten Grundposition.

bestimmte Position einnimmt. Außerdem kann das Locken Ihnen wertvolle
Informationen liefern, denn Sie können
so frühzeitig erkennen, auf welche
Bewegungsabläufe Sie in den nächsten
Trainingsschritten besonders achten
müssen (um sie wahlweise zu stärken
oder zu vermeiden). Aber: Durch das
Locken ist der Hund gedanklich auch
blockiert, denn er konzentriert sich
auf Ihr Lockmittel und nicht auf seine
Handlung! Nutzen Sie das Locken also
immer nur wenige Wiederholungen lang
(maximal fünf Mal) und lassen Sie den
Hund die Übung dann über konzentriertes Arbeiten wirklich erlernen.

Um schnellstmöglich vom Locken
wegzukommen und den Hund wirklich
mitdenken zu lassen, ist der Clicker das

beste Hilfsmittel. Alle Clicker-Methoden (wir gehen später genauer darauf ein) können im Dogdance-Training Anwendung finden. Überlegen Sie sich jeweils, welche Methode am besten zu Ihnen und Ihrem Hund beziehungsweise zu der gerade aktuellen Übung passt.

Sollte einmal etwas nicht gelingen, ist es hilfreich, den Trainingsansatz noch einmal kritisch zu überdenken. Irgendwo ist ein Haken, weshalb der Hund die Übung nicht so umsetzen kann, wie Sie es möchten. Lassen Sie die Übung so lange liegen, bis Sie eine zündende Idee haben und versuchen Sie es, wenn Sie den Fehler nicht finden können, noch einmal über einen anderen Trainingsansatz.

Bleiben Sie im Training mit dem Hund stets geduldig und vermeiden Sie strikt körperliche Drohelemente, Körperhilfen oder andere Manipulationen, um einen schnellen Trainingserfolg zu erreichen. Derartiges Vorgehen rächt sich immer. Denn später in der Vorführung kann man den Hunden genau ansehen, ob sie eine Übung zeigen, weil es ihnen Spaß macht und sie gerne mit Ihnen zusammen arbeiten, oder ob sie unsicher sind oder gar Angst vor einer Strafe haben.

Hunde, die Angst vor dem Click-Geräusch haben, können dennoch Clickertraining machen! Statt einer Therapie gegen die Geräuschangst kann auch einfach ein anderer Laut, der dem Hund vielleicht schon gut vertraut ist und vor dem er keine Angst hat, als „Ersatz-Clicker" gewählt werden. Lassen Sie sich mit einem geräuschängstlichen Hund mehr Zeit, wenn Sie den „Ersatz-

Ein schönes Tanzelement für eine ruhige Musikpassage: im Wechsel mit beiden Pfoten die Knie des Besitzers antippen.

Clicker" aufbauen. Die ersten Clicker-Übungen sollten nur dem Ziel dienen, dem Hund zu vermitteln, dass er über sein eigenes Handeln seinen Erfolg steuern kann.

Ängstlichkeit und auch Unsicherheit stehen der Arbeitsfreude grundsätzlich entgegen. Vermeiden Sie es daher stets Druck aufzubauen. Achten Sie stattdessen strikt auf eine leichte Nachvollziehbarkeit der einzelnen Trainingsschritte und bleiben Sie fair. Bestimmt haben auch Sie irgendwann schon einmal ein Brett vor dem Kopf gehabt. Das kann auch Ihrem Hund passieren. Benutzen Sie vor allem bei unsicheren Hunden hochwertige Belohnungen und bedenken Sie: Ihr Hund entscheidet, was er als „hochwertige" Belohnung empfindet. Meist gehen seine Vorlieben weit über Trockenfutter aus der Tagesration hinaus. Probieren Sie verschiedene Leckerchen oder Spielzeuge aus.

Freuen Sie sich mit Ihrem Hund, wenn ein kleiner Erfolg erreicht ist! Aber bringen Sie ihn vor lauter Freude nicht in eine zu hohe Erregung, denn dann ist das Gehirn nicht mehr in der Lage die gerade aufgenommene Information sicher abzuspeichern. Für die meisten Hunde ist es die beste Lösung nach einer guten Trainingseinheit eine kurze Ruhepause einzulegen. Ideal wäre es, wenn der Hund in Entspannung dösen könnte, aber auch ein ruhiges Schnüffeln oder ein kurzer entspannter Spaziergang sind geeignet.

Gestalten Sie Ihr Training so, dass Sie stets nur kurze Übungseinheiten vom Hund verlangen. Wiederholen Sie keine Übung mehr als insgesamt zehn Mal. Achten Sie in den Durchgängen darauf, dass Sie möglichst immer mit einer einfachen Erinnerungsübung starten und versuchen Sie in den nächsten zwei

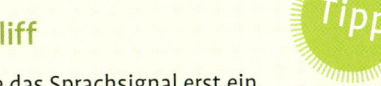

Feinschliff

Führen Sie das Sprachsignal erst ein, wenn der Hund die Übung zu Ihrer Zufriedenheit ausführt.

oder drei Wiederholungen das Niveau zu erreichen, bei dem Sie beim letzten Mal die Übung abgeschlossen hatten und dann noch einen Schritt weiterzukommen. Beenden Sie den Trainingsdurchgang dieser Übung, wenn Sie einen Durchbruch erreicht haben oder spätestens nach der zehnten Wiederholung. Wenn Sie nur kleine Trainingsschritte wählen, sollte es Ihnen immer gelingen, Fortschritte zu erzielen – wenn sie auch noch so klein sind.

Belohnen Sie anfangs eine Übung bei jedem Mal, an dem sie richtig ausgeführt wird, mit „Superleckerchen", und zwar so lange, bis Ihr Hund überhaupt keinen Zweifel mehr hat, was zu tun ist. Führen Sie das Kommando für die Übung erst dann ein, wenn Sie mit der Leistung Ihres Hundes zufrieden sind. Auch wenn es manchmal schwerfällt, dem Hund nicht schon von Anfang an zu sagen, was zu tun ist. Je später Sie ihm verraten wie die Übung heißt, desto besser kann er das Kommando erlernen. Der größte Vorteil bei diesem Vorgehen ist, dass der Hund später umso weniger Fehler bei der Ausführung zeigen wird. Denken Sie beim Kommandoaufbau immer an das Erlernen einer Fremdsprache. Auch Ihnen ist vermutlich nicht geholfen, wenn Ihnen jemand auf Chinesisch erklärt, wie eine Aufgabe zu erledigen ist. Wenn Sie aber die Aufgabe in Ihrer Sprache über Übungswiederholungen von Einzelschritten lernen und Ihnen dann das chinesische Wort für diese Aufgabe genannt wird, haben Sie eine gute Chance, die Bedeutung dieses Wortes zu verstehen.

Einführung eines Sprachkommandos

Wenn Sie eine Übung mit einem Sprachkommando verknüpfen möchten, ist zu bedenken, dass diese Signalart für den Hund gar nicht so leicht zu lernen ist. Sollte es in der Übung ein schon etabliertes Sichtzeichen geben, gilt für den Trainingsablauf: erst das Sprachkommando, kurze Pause, dann (falls nötig) das Sichtzeichen. Früher oder später wird der Hund „vorausgreifen" und die Übung direkt auf das Sprachkommando zeigen, ohne dass es erforderlich war, das Sichtzeichen zu benutzen. Sobald das geschieht, hat sich Ihr Hund einen Jackpot und eine

Der Hund hat die Übung verstanden, jetzt geht's ans Generalisieren.

> ### Aha!
>
> **Verknüpfen einer Übung mit einem Sprachkommando**
>
> Sprachkommando,
> kurze Pause,
> dann, falls nötig, Sichtzeichen.

Trainingspause verdient! Wenn für die Übung noch kein Sichtzeichen vorhanden ist, muss man einen anderen Weg gehen. Leider kommt man nicht umhin, das Signal dann auf eher unsaubere Art und Weise einzuführen. Geben Sie dem Hund das Signal, wenn Sie sich wirklich sicher sind, dass er entweder binnen der nächsten zwei Sekunden mit der Handlung starten wird oder er gerade schon zur Handlung angesetzt hat. Signale, die mitten in der Handlung ausgesprochen werden, können später keinen Startcharakter für die Gesamthandlung haben. Dennoch kann man die lerntheoretische Regel „Das Signal muss circa 0,5 Sekunden vor der Handlung erfolgen, um die beste Verknüpfung zu erreichen", oftmals nicht einhalten, da nur ein Hellseher weiß, wann genau 0,5 Sekunden vor einer Handlung sind. Zum Glück besteht das Gehirn aber auch beim Hund nicht nur aus einer einzigen Nervenzelle. Mit ein wenig Glück hat die eine oder andere Nervenzelle genau zur richtigen Zeit „aufgepasst" und somit den Lernprozess in Gang gesetzt. Fehlverknüpfungen kommen zustande, wenn gleichzeitig andere Nervenzellen einen anderen Lerninhalt verknüpfen, der dem Hund wertvoller oder sinnvoller erscheint. Hier hilft nur geduldiges Üben, bis das angestrebte Ziel erreicht ist.

Trainingsaufbau mit dem Clicker

Der Clicker kann im Training erfolgreich als positiver Sekundärverstärker eingesetzt werden. Das „Click" kündigt dem Hund die
nachfolgende Belohnung (= Primärverstärker) an.

Diese Bedeutung muss der Hund vor dem Trainingsstart in einer einfachen Verknüpfungsübung lernen. Wenn Sie bisher nicht mit dem Clicker trainiert haben, überlegen Sie, ob jetzt nicht doch der richtige Zeitpunkt für die Einführung dieses sehr effektiven Trainingshilfsmittels sein könnte. Die Grundkonditionierung vor dem Einsatz ist sehr einfach.

Clicker-Konditionierung

Clicken Sie und geben Sie Ihrem Hund direkt danach ein Leckerchen. Wiederholen Sie diese Übung circa zwanzig Mal hintereinander und variieren Sie hierbei geringfügig die Zeitverzögerung zwischen Click und dem nachfolgenden Häppchen. Legen Sie vor der Übung einige der Leckerchen für den Hund sichtbar zur Seite und trainieren Sie auch diese Variante: Sie clicken, gehen zu den Leckerchen und geben ihm eines davon. Wiederholen Sie dies ca. 15 Mal. Der Hund lernt so von Anfang an, dass es auch ein paar Sekunden dauern kann, bis er seinen Snack nach dem Click-Geräusch wirklich erhält, denn Sie haben so die Zeitspanne zwischen dem Click und der Belohnung vergrößert. Dies ist für den Hund leicht nachvollziehbar.
    Wenn der Clicker für Ihren Hund neu ist, kann es hilfreich sein, über eine

Check-up-Übung zu prüfen, ob er bereit ist, Eigeninitiative für einen persönlichen Erfolg zu zeigen. Ein Beispiel für eine solche Übung ist folgende: Stellen Sie zwei Schalen auf und legen Sie unter eine der Schalen ein Leckerchen. Der Hund sieht dabei zu. Lassen Sie den Hund nun starten und clicken Sie, wenn er sich mit der Nase der Schale nähert, unter der nichts liegt. Belohnen Sie ihn nach dem Click. Wiederholen Sie die

Aha!

Versprochen ist versprochen!

Bedenken Sie: „Click" ist ein **festes Versprechen** an den Hund! Es bedeutet immer, dass er etwas bekommt. Dies gilt auch bei einem Click zum falschen Zeitpunkt (Ihr Fehler!) oder wenn der Hund nicht aufmerksam erscheint. In diesem Fall ist es jedoch günstig, das Training danach abzubrechen und zu vertagen. Setzen Sie die Übung in einem anderen Moment, gegebenenfalls auch an einem ablenkungsärmeren Ort oder unter mehr Motivationslage des Hundes fort.

Übung. Ihr Hund lernt in dieser Übung eine Handlung zu zeigen, die ihm zunächst nicht sinnvoll erscheint, da er ja gesehen hat und riecht, dass unter der Schale kein Häppchen versteckt ist. Dadurch, dass Sie ihn aber über Click und Leckerchen belohnen, wenn er die leere Schale „anzeigt", wird diese Handlung zu seinem persönlichen Erfolg. Er wird dies nach kurzer Zeit ohne zu zögern zeigen. Wenn dies gelungen ist haben Sie die Gewissheit, dass Ihr Hund bereit ist sich auch schwierigeren Aufgaben zu widmen.

Clickern beim Dogdance-Training

Selbstverständlich kann man den Clicker auch „nur" als Belohnungsindikator benutzen – zweifelsohne Grund genug, ihn in das Training einzubinden. Den vollen Nutzen des Clickers in punkto Trainingspräzision kosten Sie

Das „Totstellen", z. B. für den Schluss des Tanzes, können Sie leicht mit dem Clicker aufbauen.

jedoch aus, wenn Sie zielgerichtet die einzelnen Clicker-Methoden umsetzen.

Stärkung von Spontanverhalten

Indem Sie in eine spontan gezeigte Handlung des Hundes clicken und belohnen, wird das gerade gezeigte Verhaltensdetail bestärkt. Das heißt, der Hund wird nach und nach immer häufiger bereit sein dies zu wiederholen, denn er möchte gerne Clicks und Leckerchen bekommen. Über diese Trainingsform kann man individuelle Eigenarten und viele gängige Verhaltensweisen wie das Kratzen, Schütteln, verschiedene Kopfhaltungen, Gähnen, Strecken oder Ähnliches stärken. Der Hund zeigt es bald nicht mehr nur zufällig, sondern als gezieltes Verhalten. Jetzt ist der Moment gekommen, für diese Handlung ein Signal einzuführen (s. S. 12, Tipp Signalaufbau). Sobald für die Übung ein Signal eingeführt wurde, darf sie nicht mehr spontan verstärkt werden, denn sonst ist keine Signalkontrolle zu erreichen. Der Hund würde mit dieser Übung auf der Stufe von Aufmerksamkeit heischendem Verhalten stehen bleiben, was im Alltag sogar recht lästig sein kann.

Freies Formen

Beim freien Formen ist im Prinzip alles möglich. Die Trainingsvoraussetzung ist aber, dass der Hund experimentierfreudig ist. Er darf keine Scheu haben, auch außergewöhnliche Einfälle umzusetzen. Ob er so offen und kreativ ist oder nicht, ist ein wenig eine Frage des Charakters. Wenn in der Vergangenheit Ideen des Hundes über Verbote oder Strafen unterdrückt wurden, hat das seine Probierfreude sicherlich negativ beeinflusst. Über gezieltes Kreativitätstraining kann dies ausgeglichen werden.

Je unbedarfter der Hund an die Sache herangeht, umso leichter ist das freie Formen. Lernt ein Hund das freie Formen schon als Welpe, stehen einem Tür und Tor offen. Andernfalls ist es ein längerer Prozess, bei dem der Hund zweierlei lernt: Zum einen, dass er Erfolge über eigene Ideen beziehungsweise ein intensives Mitdenken erzielen kann – ein hoher Motivationsfaktor. Zum anderen natürlich den Inhalt der Übung. Hunde, die häufig frei formen, lernen mit der Zeit immer schneller.

Das Training selbst läuft nach dem Schema des Kinder-Suchspiels „Heiß oder Kalt" ab. Heiße Ansätze werden über Click und das Leckerchen verstärkt, kalte Ansätze ignoriert. Um den Hund in seiner Arbeitsfreude nicht zu unterbrechen, sind Korrekturen oder „Fehler-Marker" wenig sinnvoll. Das Ausbleiben des Clicks beinhaltet für den Hund genug Information darüber, dass dieser Ansatz für ihn nicht erfolgreich ist. Bedenken Sie beim freien Formen, dass das Nicht-Clicken schnell Unsicherheit oder auch Frust auslösen kann. Nicht selten stellt der Hund dann sein Bemühen ein und verliert an Arbeitsfreude in dieser Übung. Die goldene Regel beim freien Formen ist also, möglichst oft, das bedeutet für jede winzige Verbesserung der Leistung zu clicken, und dem Hund jedes Mal ein Häppchen für den Teilabschnitt dieser Übung zu geben.

Gute Beobachtungsgabe und intensive Kenntnis über die für diesen Hund typischen Eigenarten und Bewegungsabläufe sind auf der Seite des menschlichen Trainingspartners wichtig, um über das freie Formen schnelle Erfolge zu erzielen. Sobald das Endziel der Übung erreicht ist, wird auch hier ein Signal eingeführt, um die Leistung in Zukunft abrufen zu können.

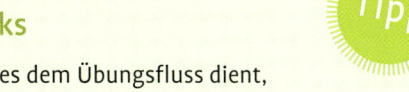

Snacks

Wenn es dem Übungsfluss dient, kann dem Hund das Leckerchen auch zugeworfen werden.

Über eine **Jackpot-Belohnung** (besonders tolle oder große Belohnung) markiert man einen Leistungsdurchbruch. Sinnvoll ist in solch einem Fall eine anschließende Trainingspause.

Target-Training

Beim Target-Training lernt der Hund einen Bezug zwischen einem Körperteil und einem Zielobjekt herzustellen. Man kann dem Hund auf diese Weise sehr leicht vermitteln, wo oder in welcher Position man ihn gerne sehen möchte. Der Klassiker ist die Kopplung Nase – Stab. Mittels Target-Objekt kann dem Hund dann sehr genau vorgegeben werden, mit welchem Körperteil er sich wo befinden soll. Ein Übungsaufbau mittels Target hat für den Hund in aller Regel den Vorteil, dass er sich, sobald er die Target-Grundübung verstanden hat, seiner Sache ganz sicher ist. Es lohnt sich also bei jeder Übung darüber nachzudenken, ob die Target-Methode Anwendung finden kann und falls ja, welche Kopplung sinnvoll ist.

Für das Nasen-Target eignen sich Teleskopstifte, die man in Schreibwarenläden bekommen kann, denn diese sind in der Länge variabel. Bei großen Hunden können als Zielobjekte auch die Hand oder die Fingerspitzen dienen.

Halten Sie den Stab zunächst so, dass nur die Spitze für den Hund zugänglich ist und lassen Sie Ihren Hund daran schnüffeln. Belohnen Sie ihn, wenn er mit der Nase an die Spitze gestoßen ist. Der Einsatz des Clickers ermöglicht hier ein besonders genaues Timing und führt in aller Regel zu dem besten Lernerfolg.

Sobald Ihr Hund diese Übung gut meistert, geben Sie ihm etwas mehr „Angriffsfläche" auf dem Stift. Belohnen beziehungsweise clicken Sie aber nur, wenn er die Spitze antippt. Fehlversuche in der Mitte des Stiftes werden ignoriert. Üben Sie nun verschiedene Haltungen des Stiftes, sodass die Spitze mal nach unten, mal nach oben zeigt. Lassen Sie ihn auch ein paar Schritte laufen, um an die Spitze zu gelangen. Führen Sie, sobald sich Ihr Hund bemüht immer wieder mit der Nase an die Stiftspitze zu tippen, ein Kommando ein (zum Beispiel „tippen"). Zur sicheren Befehlskontrolle ist es wichtig, dass Sie spontanes Tippen nicht mehr belohnen. Belohnt wird also nur noch, wenn auf Kommando hin gehandelt wurde.

Für das Pfoten-Target eignet sich beispielsweise eine Fliegenklatsche. Halten Sie das Objekt vor Ihren Hund, sodass er es ohne Mühe mit der Pfote berühren kann. Clicken Sie genau in dem Moment der Berührung und geben Sie ihm nachfolgend ein Futterstückchen. Wiederholen Sie dies mehrmals. Halten Sie nun die Fliegenklatsche ein wenig vom Hund entfernt. Schafft er es, die Fliegenklatsche zu erreichen, setzen Sie einen Jackpot ein. Setzen Sie die Übung erst auf Kommando, wenn Sie mit der Leistung Ihres Hundes hundertprozentig zufrieden sind.

Selbstklebende Zettelchen bieten sich als Blick-Target an. Kleben Sie sich solch einen Zettel zunächst auf die Handinnenfläche und halten Sie Ihre Hand dem Hund so hin, dass er das Zettelchen aus einer bequemen Haltung heraus sehen kann. Clicken Sie, wenn der Blick Ihres Hundes genau auf den Zettel fällt. Schulen Sie ihn dann darin den Zettel anzuschauen, wenn Sie ihn zum Beispiel höher, tiefer oder weiter von sich weg halten. Arbeiten Sie danach daran, dass der Hund unabhängig von Ihnen auf den Zettel guckt: Kleben Sie das Zettelchen an einem beliebigen Gegenstand im Raum. Belohnen Sie ihn mit einem Jackpot, wenn er alles richtig macht und führen Sie am Schluss ein Signal für die Übung ein.

Der Kreativität von Target-Kopplungen sind kaum Grenzen gesetzt. Nach dem oben beschriebenen Muster kann der Hund alle erdenklichen Targets erlernen, die für eine bestimmte Übung förderlich sind. Ein seitliches Brustwand-Target kann beispielsweise gut für das seitliche Versetzen aus der frontalen Stellung verwendet werden. Als Objekt eignet sich ein langer Stock. Für Kunststücke wie den Handstand bietet sich ein Hinterpfoten-Target an. Für ein zielgerichtetes Laufen zu einem

Tipp — Target-Arbeit

Wenn man über eine Target-Kopplung das Ziel einer Übung erreicht hat, kann man das gewünschte Übungssignal einführen. Möchte man die Target-Handlung nur als Mittel zum Zweck oder als Richtungsvorgabe nutzen, setzt man die Target-Handlung selbst auf Signal. Dann kann mit der Target-Handlung weiter an dem eigentlichen Endziel gearbeitet werden und – sobald das angestrebte Endziel erreicht ist – die neu aufgebaute Übung mit einem anderen Signal belegt werden. Die Target-Grundübung kann man in diesem Fall natürlich auch zum Training anderer Übungen nutzen.

oder auf einen speziellen Platz kann wie auf Seite 71 beschrieben ein Fuß-Target in Form eines Brettes oder einer Matte benutzt werden. Das formschöne Fußlaufen selbst kann mittels Target-Kopplung zwischen Hundeschulter und Wade des Menschen erarbeitet werden.

Auf einen Blick: Trainingsaufbau

> Überlegen Sie sich vor jeder Trainingseinheit genau, welche Übung(en) Sie trainieren wollen.
> Wie beziehungsweise mit welcher Trainingsmethode wollen Sie die jeweilige Übung aufbauen?
> Kann Ihr Hund schon die gesamte Übung umsetzen oder arbeiten Sie noch an einzelnen Teilen der Übung?
> Starten Sie den Trainingsdurchgang stets mit einer einfachen Variante zur Erinnerung. Feilen Sie dann während einiger Wiederholungen an der Leistung.
> Setzen Sie bei neuen Übungen, im Motivationstraining und als Jackpot bei einem Trainingsdurchbruch wirklich hochwertige Belohnungen ein (zum Beispiel Wurststückchen, Lieblings-Spielzeug).
> Belohnen Sie Ihren Hund in einer neuen Übung anfangs stets, wenn er gut mitarbeitet. Später können Sie die Leistung über eine qualitative Staffelung der Belohnung akzentuieren.
> Verknüpfen Sie die Übung erst dann mit einem Kommando, wenn Sie mit

Beim Nasen-Target soll der Hund punktgenau nur die Spitze des Objekts berühren.

der Leistung Ihres Hundes zufrieden sind.
> Generalisieren Sie die Übung in punkto Umgebung, Untergrund und Raumausrichtung:
> Trainieren Sie an unterschiedlichen Orten, mal im Wohnzimmer, in der Küche, im Garten, im Wald.
> Trainieren Sie verschiedene Übergänge zwischen einzelnen Tanzelementen.
> Bilden Sie dann Handlungsketten über den Rückwärtsaufbau (siehe Seite 79).
> Bedienen Sie sich hierbei gegebenenfalls zusätzlich versteckter Belohnungselemente zur Motivationssteigerung oder nutzen Sie das Premack-Prinzip (siehe Seite 81).

Arbeit ist Spaß

Motivation – eine trainierbare Größe

Hunde tun nichts einfach so – ohne ein Ziel. Sie brauchen zur Umsetzung einer Handlung einen Ansporn, über den die Arbeitsfreude reguliert werden kann.

Dieser Ansporn kann ein innerer Antrieb (zum Beispiel Neugierde) sein oder einem äußeren Reiz folgen. Wenn der Handlungsantrieb durch einen äußeren Reiz provoziert wird, spricht man von Fremdmotivation. Im Training wird häufig versucht, den Hund von außen zu beeinflussen, also Fremdmotivation anzuwenden. Für den Erfolg bei der Arbeit und auch für die Dauerhaftigkeit, mit der der Hund in seiner Arbeitsfreude beeinflusst wird, spielt die Art der Fremdmotivation eine entscheidende Rolle.

Eine einfache und positive, aber in punkto Lernen auch etwas tückische Form der Fremdmotivation ist das Locken. Zu bedenken ist, dass beim Locken das Leistungsniveau des Hundes sehr niedrig ist. Hinzu kommt, dass der Hund dabei nicht mit der vollen Konzentration bei seiner gezeigten Handlung, sondern mental eher beim Lockmittel ist. Ein schnelles Lernen kann dadurch deutlich eingeschränkt sein. Langfristig gesehen ist Locken also zum Lernen nicht so gut geeignet, vor allem dann nicht, wenn die Übung bald auf Kommando abgerufen werden soll. Die Lernausbeute ist zu gering. Wenn Locken zum Trainingsstart angewandt wird, gilt es schnellstmöglich wieder davon loszukommen (siehe Seite 17).

Wenn ein höheres Trainingsziel angestrebt wird, sollte ein zielgerichteter Motivationsaufbau erfolgen. Ziel des Motivationstrainings ist, dass sich der Hund im Training besonders gut fühlt – speziell dann, wenn er sich gut konzentriert und „mitgedacht" hat. Vermitteln Sie Ihrem Hund auch im Alltag, dass

Achten Sie bei solch statischen Übungen darauf, einen zeitlichen Puffer einzubauen.

er für eigenständiges Bravsein belohnt wird. Vermeiden Sie aber zur Umsetzung dieser Lerninformation Momente, in denen Sie das Training mit einem Freizeitkommando beendet haben, denn der Hund soll dann nicht mehr unter einer inneren Erwartungshaltung nach Aufmerksamkeit stehen. Geeignet sind im Alltag Momente, in denen Sie weder eine Trainingssitzung angesagt noch beendet haben.

Auch bereits erlernte Gehorsamsübungen (selbstverständlich auch Tricks und Kunststückchen) können zum Motivationsaufbau genutzt werden. Eine Staffelung der Belohnungsqualität steigert die Motivation und entscheidet so auch über den Trainingserfolg. Dies klingt einfach, muss aber vor dem Trainingsstart durchdacht und vorbereitet sein. Die gezeigte Übung wird hierbei nach der Ausführung immer belohnt. Eine besonders gute Leistung wird mit einer besonders guten Belohnung „bezahlt". Dies führt dazu, dass sich der Hund immer mehr anstrengt, um möglichst seine Lieblingsbelohnung zu erhalten.

Grundsätzlich wirkt auch die bloße Option, mitdenken zu dürfen, für den Hund motivationssteigernd. Beim Menschen kennt man dieses Phänomen unter dem Begriff „Selbstverwirklichung". Ausreichende Gelegenheit hierzu und die Umsetzung der jeweiligen Pläne führen zur positiven Wahrnehmung der Gesamtsituation. Lassen Sie – wie beim freien Formen – Ihren Hund selbst herausfinden, was sich für ihn lohnt. Achten Sie streng darauf, dass der Hund auf dem Weg zum Ziel ausreichend häufig kleine Erfolgserlebnisse sammeln kann und dass Sie ihn nicht mit einer Korrektur unterbrechen. Wenn nur die Motivationssteigerung

Motivation

Tipp

Goldene Trainingsregel: Binden Sie in jedes Dogdance-Training mindestens eine Motivationsübung ein. Wechseln Sie hierbei ab und zu den Motivationsweg, damit es für den Hund spannend bleibt. Nur ein hoch motivierter Vierbeiner bleibt lange bei der Sache und hat Spaß dabei!

das Ziel ist, muss der Hund aber nicht, wie sonst beim freien Formen üblich, eine neue Handlung lernen. Vermitteln Sie ihm auch im Alltag, dass „Sitz" zu machen, Ihnen einen Blick zuzuwerfen, ein Spielzeug aufzunehmen oder sich ruhig hinzulegen eine sehr gute Idee sein kann.

Los geht's

Die Arbeitsmotivation des Hundes über eine relativ lange Zeitdauer aufrecht halten zu können, ist das A und O beim Dogdance. Hierzu empfiehlt es sich, den Hund per Kommando in Arbeitsstimmung versetzen zu können. Dies ist relativ einfach zu erreichen, indem man jeweils vor dem Trainingsstart ein spezielles Kommando sagt, zum Beispiel „Training!" (Startkommando). Direkt nach dem Kommando sollte die erste Übung gestartet werden. Diese wählt man relativ einfach, vielleicht nur eine simple Konzentrationsübung (siehe Seite 24). Schon eine geringe Leistung kann hierbei anfangs belohnt werden. Bei einem Trainingsanfänger nimmt man als Belohnung ein Stückchen der Qualitätsbelohnung. So bekommt er einen Vorgeschmack darauf, was für Traumbelohnungen er sich erarbeiten kann. Die Übung kann dann unter stei-

Tipp

Trainingsregeln

Eine Trainingseinheit wird mit einem Startsignal begonnen und mit einem Freizeitzeichen beendet.

genden Leistungsansprüchen drei bis fünf Mal wiederholt werden. Auch jetzt kann die Qualität der Belohnung schon in Abhängigkeit der gezeigten Leistung gestaffelt werden. Für gute Leistung gibt es gute Belohnungen. Für Bestleistung einen Jackpot.

In einer Trainingssitzung können nacheinander in der oben beschriebenen Weise mehrere Übungen oder auch schon kurze Sequenzen aus einem Tanz trainiert werden. Eine abgeschlos-

sene Trainingseinheit wird stets mit einem Freizeitzeichen beendet, damit der Hund nie Zweifel hat, ob er noch arbeiten soll oder ob die Übung fertig ist. Dies gilt nicht nur für den Abschluss einer Trainingsübung, sondern auch, wenn der eigene Hund im Gruppentraining warten muss: Zum Beispiel weil ein anderer Hund an der Reihe ist, weil man Leckerchen nachladen muss, weil man sich eine Jacke anziehen oder telefonieren muss. Versäumt man es, dem Hund konsequent in Pausen ein Freizeitzeichen zu geben, lässt – zumindest bei einem Trainingsanfänger – mit zunehmender Trainingsdauer immer mehr die Konzentration nach, mitunter stellt sich sogar Frustration ein.

Präzision beim Startkommando und dem Freizeitzeichen ist aber nicht nur wegen der Konzentration wichtig. Auch bei sehr arbeitsmotivierten Hunden ist dies von entscheidender Bedeutung. Abschalten zu können ist für diese Hunde eine Eigenschaft, die trainiert werden muss, um kein Aufmerksamkeit heischendes Verhalten zu fördern. Bedenken Sie: Nur wenn Sie den Hund in seiner Freizeitpause wirklich links liegen lassen, kann er lernen, dass er abschalten darf. Sollte er sich also trotz Freizeitzeichen zum Training anbieten, gilt es, dies tatsächlich zu ignorieren, denn jetzt ist nur Verschnaufen angesagt! Nach einer beliebig langen Pause können Sie die nächste Trainingseinheit, wie oben beschrieben, mit dem Trainingsstart-Signal einleiten.

Kopfarbeit: Positionswechsel in der Grundstellung.

Probleme beim Fußlaufen und Lösungsmöglichkeiten

Viele Hundesportler empfinden das Fußlaufen als schwierige Übung, da ihr Hund zu schnell oder zu langsam läuft, von der Seite abdriftet oder nicht konzentriert ist, vielleicht sogar am Boden schnüffelt. Häufig werden dann Korrekturen eingesetzt, was in aller Regel die Sache keinesfalls besser macht. Hätte der Hund die Übung wirklich gut verstanden und könnte er einer **attraktiven Belohnung** entgegenarbeiten, würde die Übung vermutlich gut gelingen. Der Haken der Korrektur ist: Sie kommt im Moment des Fehlers, das heißt, der Hund bekommt eine Rückmeldung für seinen Fehler. Hier entsteht schnell ein Teufelskreis. Auch wenn zur Korrektur oder zum besseren Aufbau der Übung wieder auf das Locken zurückgegriffen wird (vielleicht, weil der Hund die Übung mit einem Lockmittel immer sehr schön gezeigt hat), kommt man keinen Schritt weiter. Im Gegenteil, man muss sich bemühen, den Hund über diese Form der Fremdmotivation immer stärker zu binden, da er sonst nicht mehr zufriedenstellend mitmacht.

Was also ist die Lösung? Zunächst einmal sollte analysiert werden, ob der Hund die Übung überhaupt richtig verstanden hat. Falls nicht, kann die Lektion neu, vielleicht über einen Hundeschulter-/Bein-Target (s. S. 34) aufgebaut werden. Weiter kann sich auch eine **Umstellung der Arbeitsmotivation** lohnen. Locken und Korrekturen haben nicht zum Erfolg geführt, also sollten diese nicht mehr eingesetzt werden. Soll an der Arbeitsmotivation gefeilt werden, sieht die Übung wie folgt aus: Der nicht angeleinte Hund startet aus der Grundposition, der Hundeführer läuft dabei, ohne auf den Hund zu achten, ebenfalls los. Wenn sich der Hund anschließt, gibt es eine Bestätigung per Click und ein sehr leckeres Leckerchen. Die Ganggeschwin-

Coaching

Tipp

Diese Übung ist leichter durchzuführen, wenn eine **Hilfsperson das Clicken** übernimmt. Andernfalls ist immer eine gewisse Gefahr da, dass der Hund sich auch bei einer schlechteren Leistung bestätigt fühlt, weil der Hundeführer nach ihm guckt.

digkeit sollte nicht verringert werden, auch Kurven, Bögen oder enge Wendungen werden gelaufen ohne dabei auf den Hund zu achten. Wenn er aber – und sei es per Zufall – in der Fußposition läuft, gibt es wieder ein Click und diesmal einen Jackpot. Die Übung wird hier zunächst beendet und dem Hund eine kleine **Ruhepause** gegönnt. In weiteren Trainingsdurchgängen kann sich der Hund gegebenenfalls auch einmal drei oder vier Belohnungen erarbeiten, bevor man ihm eine Pause gönnt. Wichtig ist jedoch, die Übung schon nach kurzer Zeit und nach einer guten Leistung zu beenden. Richtig ausgeführt lernt der Hund, dass er es selbst steuern kann, wertvolle Belohnungen zu erhalten. Nämlich dann, wenn er sich bemüht, in der Fußposition zu laufen. Konzentriertes Fußlaufen wirkt so motivationssteigernd!

Konzentrationsübungen

Die Konzentrationsfähigkeit des Hundes kann über viele unterschiedliche Ansätze geschult werden. Dies vereinfacht nicht nur das Dogdance-Training, sondern auch den Alltag.

Blickkontakt stärken

Blickkontakt zum Besitzer aufzunehmen ist grundsätzlich ist eine sehr gute Konzentrationsübung für den Hund. Der Vorteil liegt auf der Hand: Hat der

Bauen Sie Spannung auf, bevor es losgeht. Konzentration und Motivation können Sie trainieren.

Hund seinen Besitzer im Blick, nimmt er weniger ablenkende Dinge aus der Umgebung wahr. Darüber hinaus kann er auf diese Weise sehr gut Sichtzeichen des Besitzers erkennen und auch dem erfolgreichen Einsatz eines Sprachkommandos steht nichts im Wege. Die Bereitschaft, diese Form der Konzentration zu zeigen, ist über folgende Übung sehr gut trainierbar:

Bleiben Sie gemeinsam mit Ihrem Hund irgendwo stehen. Anfangs gelingt diese Übung besonders gut, wenn der Hund angeleint ist. Mit einem Hund, der schon eine gute Bindung zum Hundeführer hat, kann die Übung aber auch ohne Leine trainiert werden. Warten Sie dort, wo Sie angehalten haben, darauf, dass Ihr Hund Sie anschaut. Belohnen Sie ihn immer sofort, sobald er Ihnen einen Blick zuwirft. Achten Sie hierbei darauf, dass Sie dem Hund seine Belohnung genau dann zustecken, wenn er Blickkontakt hält. Andernfalls würde man das Hin- und wieder Wegschauen belohnen. Mit dem Clicker, der als positiver Sekundärverstärker dem Hund vertraut sein muss, kann man sehr leicht ein präzises Timing der Belohnung einhalten. In diesem Fall gilt: Solange Sie es schaffen, während des Blickkontaktes zu clicken – sei er auch noch so kurz – ist alles im grünen Bereich. Es macht jetzt auch nichts, wenn der Hund wegschaut bevor er eine Belohnung bekommen hat, denn Sie haben im richtigen Moment geclickt und somit das gewünschte Verhalten verstärkt. Später kann über eine herausgezögerte Belohnung oder mehrere Belohnungen in loser zeitlicher Folge ein längerer Blickkontakt aufgebaut werden.

Staffeln Sie dann den Leistungsanspruch. Ihr Hund soll mit der Zeit lernen, mehr oder weniger deutlich zu Ihnen aufzuschauen – je nach seiner Körpergröße und je nachdem, wie Sie es gerne sehen möchten.

Konzentration in der Bewegung

Reizen Sie Ihren Hund mit einer interessanten Bewegung oder einem Lockmittel an und entfernen Sie sich rückwärtsgehend von ihm. Belohnen Sie ihn kurz mit einer Belohnung mittlerer Qualität, wenn er sich auf Sie einlässt und Ihnen in der Bewegung folgt. Trainieren Sie mit Ihrem Hund sämtliche Richtungen, indem Sie sich entsprechend zum Hund bewegen. Wenn Sie sich aus dem Rückwärtsgehen rechts herum drehen, haben Sie Ihren Hund plötzlich in der Fuß-Position an Ihrer linken Seite. Belohnen Sie ihn dort für den ersten Blick zu Ihnen nach oben mit einem Qualitätsleckerchen. Beenden Sie die Übung aber hier noch nicht. Drehen Sie sich nach ein paar Schritten ruhig noch einmal so um, dass Sie wieder rückwärts vom Hund weggehen und drehen Sie sich, wenn er Ihnen aufmerksam

Tipp

Spannung

Nach Beendigung einer Übung Belohnungsstückchen übrig zu haben und eine Übung in einem Moment zu beenden, bevor der Hund die Lust verliert, kitzelt aus ihm in den nächsten Durchgängen noch mehr Konzentrationswillen heraus. Er hat dabei das Gefühl, dass noch mehr Gewinn möglich gewesen wäre. Bei einem noch untrainierten Hund entspricht das Lockmittel in dieser Übung der Belohnung und wird anfangs dauerhaft in der Hand gehalten.

folgt, nach links um. Jetzt ist Ihr Hund in der rechten Fuß-Position. Belohnen Sie ihn auch hier mit einem Qualitätsleckerchen.

Schließen Sie die Übung mit dem Freizeitkommando in einem Moment ab, in dem Ihr Hund noch seine volle Konzentration auf Sie richtet und nicht etwa, weil Ihnen die Belohnung ausgegangen ist. Spielen Sie mit dieser Form des Spannungsaufbaus. Streuen Sie die Übung ruhig häufig in den (Trainings-) Alltag ein, aber übertreiben Sie es nicht: Die Zeitdauer der Übung insgesamt und die Anzahl der Wiederholungen sollen dem Trainings- und Konzentrations-Niveau des Hundes angepasst sein.

Ein direkter Blick in Ihre Augen ist in dieser Übung nicht zwingend erforderlich und setzt einen ängstlichen Hund in punkto Leistungsanforderung eher unter Druck.

Trainingsgestaltung beim Tanz

Wenn man sich das Ziel gesetzt hat, mit dem Hund einen Tanz aufs Parkett zu legen, hilft ein gut durchdachtes Training, um schnellstmöglich und ohne Trainingsfrust das Ziel zu erreichen.

Folgende Punkte sollten vor dem Trainingsstart hinterfragt werden: Wer tanzt und was soll daraus werden? Wie groß ist die Erfahrung, wie gesund ist der Hund, usw.?

Das angestrebte Leistungsziel sollte sich aus den vorhandenen Bedingungen, die beiden Tanzpartner betreffend, ergeben.

Ist Dogdance gesund?

Für den Menschen gilt in den meisten Fällen: Dogdance ist gesund! Die Geschwindigkeit des Tanzes kann anhand der Musikauswahl bestimmt werden, sodass das kleine Extramaß an

Bewegung der Gesundheit generell sehr zugute kommt.

Für den Hund sollte das genauso aussehen! Grundsätzlich kann man Dogdance mit wirklich jedem Hund betreiben. Denn der Tanz kann perfekt an Alter, Größe, Gesundheitszustand und natürlich auch an jeden Trainingsstand angepasst werden. Bedenken Sie aus gesundheitlichen Gründen bei der Auswahl der Tanzelemente aber bitte, dass Ihr Hund sich die jeweiligen Tricks, die in den Tanz eingebunden werden, nicht aussuchen kann. Er ist von Ihrer Wahl abhängig. Keinesfalls soll das bedeuten, dass man beim Dogdance übervorsichtig sein müsste. Auch mit einem

Ist-Analyse: Ein kurzes Check-up				
Mensch	Tanzerfahrung	viel	wenig	keine
	Rhythmusgefühl	gut	mittel	gering
	Choreografie-Erfahrung	viel	wenig	keine
Hund	Alter	jung	mittel	alt
	Allgemeiner Gehorsam	gut	mittel	gering
	Kunststücke	viele	ein paar	keine
	Gesundheit	top fit	mittel	eingeschränkt

Hund, der gesundheitlich eingeschränkt ist, können herrliche Tänze erarbeitet werden. Aber dann bitte ganz bewusst ohne Sprünge oder enge Wendungen. Bei den einzelnen Elementen werde ich darauf hinweisen, wenn bei der Auswahl gesundheitliche Aspekte berücksichtigt werden müssen.

Welche Musik?

Dogdance ist ein Sport für Individualisten. Einzig und allein Ihr Geschmack entscheidet, was zu welcher Musik trainiert wird. Grenzen sind Ihnen keine gesetzt. Bei der Qual der Wahl kann anfangs ein Blick auf die Startbedingungen helfen, eine Entscheidung zu fällen. Achten Sie darauf, die Musik so zu wählen, dass sie vom Charakter her zu Ihnen und Ihrem Hund passt und es keinem von beiden schwerfällt, die Taktgeschwindigkeit zu halten (siehe Lauftraining für den menschlichen Tanzpartner Seite 91 und „Fuß" Seite 36). Thematisch anspruchsvolle Musik mit einem Trainingsanfängerhund inhaltlich zu füllen ist ein ebenso unrealistisches Ziel, wie sich als ersten Tanz eine vierminütige Choreografie auszudenken. Vermeiden Sie Bilder, in denen ein bewegungseingeschränkter Hunde-Senior durch einen Technobeat vergewaltigt wird. Denn dann kann sich der ein oder andere Zuschauer nicht entspannen, da er nur auf einen möglichen Unfall konzentriert ist.

Lassen Sie sich genug Zeit mit der Musikauswahl, denn Sie sind für eine längere Trainingsphase an dieses Stück gebunden und sollten sich nicht zu schnell daran satt hören. Wenn Sie schon zum Trainingsstart festlegen, zu welcher Musik Sie mit Ihrem Hund tanzen wollen, können Sie parallel

Präzision

Tipp

Ein einfacher Tanz, der gut ausgearbeitet wird und der aufgrund des geringeren Leistungsanspruchs in aller Regel auch schneller trainiert und leichter generalisiert werden kann, hat vor Publikum meist eine größere Wirkung als ein schwieriger Tanz, bei dem alle Nase lang etwas misslingt. Widmen Sie sich also zunächst kleinen Zielen und schweben Sie dann aufgrund des erzielten Erfolgs gemeinsam mit Ihrem Hund auf dem Tanzboden höheren Zielen entgegen.

zum Hundetraining frühzeitig auch mit der Schulung Ihres eigenen Tanzgeschicks beginnen. Ab Seite 86 ist beschrieben, welche Aufgaben hier

Hilfsmittel müssen Sie im Trainingsverlauf wieder abtrainieren.

Tipp

Basisübungen

Für das Dogdance-Training ist es sinnvoll, dem Hund die Übung zunächst schrittweise in einer „Grundversion" beizubringen. Je nach Tanz ist es dann erforderlich, diese Grundversion abzuwandeln, das heißt neue Richtungen oder Raumausrichtungen einzuführen, besser zu generalisieren oder die Übung auf Kommando zu setzen, um sie abrufbar zu machen. Merke: Führen Sie das Sprachsignal erst dann ein, wenn der Hund die Übung zu Ihrer Zufriedenheit ausführt.

auf Sie zukommen können: sich in die Musik gut hinein zu hören, sie gegebenenfalls schriftlich zu strukturieren, eine Choreografie zu erstellen und im eigenen Lauftraining Bühnenpräsenz zu entwickeln.

Bretter, die die Welt bedeuten ...

Als nächstes sollte die Frage geklärt werden, wo der Tanz aufgeführt werden soll. Ist der Aufführungsort gleichzeitig der Trainingsplatz, spart man sich einige Schritte der Generalisierung. Wenn es sich um einen anderen Aufführungsort handelt, kann man verschiedene Wege gehen. Zum einen kann der Tanz so gut generalisiert geübt werden, dass er „überall" aufführbar wird. Dies

erfordert ein hohes Maß an Training und dementsprechend viel Zeit. Eine andere Möglichkeit, die allerdings meist nur im privaten Bereich oder für eine Aufführung im Rahmen eines Festes oder Ähnlichem, nicht aber für Wettkämpfe genutzt werden kann, ist, auf einem immer gleichen definierten Untergrund zu trainieren. Dies kann zum Beispiel ein dünner Billigteppich aus dem Baumarkt sein, den man auf die „Bühnenmaße" zuschneiden kann. Vorteilhaft ist hierbei auch der gute Tritt auf dem Teppich, vor allem wenn Wendungen, Drehungen oder Sprünge in den Tanz eingebunden werden sollen, denn die Untergründe sind bei Aufführungen nicht immer hundegerecht. Unter Aufführungsbedingungen herrscht meist trotzdem mehr Aufregung als im Training, der Teppich kann dem Hund (und Hundeführer) ein Sicherheitsgefühl durch die Vertrautheit geben. Den eigenen Tanzteppich mitzunehmen bedeutet jedoch nicht, dass der Tanz nicht unter steigender Ablenkung trainiert, also auch generalisiert werden muss. Dennoch ist es für den Hund eine große Hilfe. Vor allem, wenn auf dem Teppich immer nur Dogdance und niemals andere Übungen trainiert werden. Auch Trainingspausen sollten dann außerhalb des Teppichs abgehalten werden, so dass der Aufenthalt auf dem Teppich den Hund automatisch auf Dogdance einstellt.

Generalisierungstraining

Wenn eine Übung überall abrufbar sein soll, ist es wichtig, sorgfältig zu generalisieren. Aber nicht nur Veränderungen im Raumbild, in Bezug auf den Untergrund oder die Ablenkung aus der Umgebung spielen eine Rolle.

Auch die eigene Körperhaltung und die eigene Ausrichtung zum Hund sind Details, die der Hund verknüpft. Wenn sie keine Bedeutung haben sollen, müssen sie also „weggeneralisiert" werden. Das heißt, das Kommando muss in seiner Bedeutung von all diesen Randverknüpfungen losgelöst werden, bis der Hund es wirklich nur mit seiner eigenen Bewegung oder Position in Verbindung bringt. Ein langer Weg, wenn dieses strenge Ziel angestrebt ist. Gleichzeitig gibt dem Hund ein gut aufgebautes Generalisierungstraining aber auch viel Sicherheit in der Übung. Aus diesem Grund lohnt es sich also immer, Generalisierungsübungen umzusetzen. im Training kann über das Generalisieren auch tolle Abwechslung erreicht werden, selbst wenn immer nur an der gleichen Übung gearbeitet wird.

Schon in der Drehung achtet dieser Hund darauf, das nächste Kommando nicht zu verpassen.

Regeln für ein sauberes Generalisierungstraining

Voraussetzung
Der Hund muss die Grundübung verstanden haben und sie wahlweise auf Sichtzeichen oder auf Sprachkommando zeigen.

Seien Sie aufmerksam
Bedenken Sie, dass auch durch scheinbar Alltägliches, zum Beispiel die Anwesenheit von Artgenossen, Dämmerung, Windgeräusche etc. die Situation für den Hund nicht mehr gleich ist.

Step by Step
Verändern Sie beim Generalisieren zunächst immer nur ein Detail. Der Hund soll es stets schaffen können, die Übung weiterhin ohne Fehler umzusetzen.

Klein anfangen

Schrauben Sie, was die Leistung der Übung anbetrifft, Ihren Anspruch zunächst ein wenig zurück. Steigern Sie gleichzeitig die Qualität der Belohnung. Bauen Sie dann über ein paar Wiederholungen die Leistung schrittweise wieder aus.

Was soll generalisiert werden? Machen Sie sich eine Liste der Details, die bearbeitet werden sollen. Arbeiten Sie nach und nach alle Punkte auf Ihrer Generalisierungsliste ab. Hier einige Beispiele für Ihre Generalisierungsliste:
> Räumliche Ausrichtung des Hundeführers zum Hund,
> Körperhaltung des Hundeführers,
> Anwesenheit von anderen Personen, Tieren oder Objekten,
> verschiedene Raumsituationen im häuslichen Bereich, zum Beispiel unterschiedliche Zimmer, Keller, Hof, Balkon,
> veränderte Geräuschkulisse (Haushaltsgeräusche),
> unterschiedliche Lichtverhältnisse,
> verschiedene Bodenbeläge (beispielsweise Teppich, Parkett, Fliesen, Beton, Waldboden, Gras, Sand, Asphalt),
> Umgebungsablenkungen (Fußgängerzone, Hauptbahnhof, Arbeitskleidung des Tanzpartners).

Gemeinsames Training macht großen Spaß. Auch in manch einer Übung kann man sich gegenseitig unterstützen.

Auf einen Blick: Arbeitsmotivation

Starten Sie das Training mit einem Arbeitssignal. Gestalten Sie das Training motivierend, indem Sie zunächst eine relativ einfache Leistung verlangen und den Hund schon frühzeitig belohnen – quasi dann, wenn Sie erkennen können, dass er sich an die richtige Ausführung der Übung erinnert. Hier ist es durchaus erlaubt, noch Hilfen wie ein Sichtzeichen oder Ähnliches einzusetzen. Bezahlen Sie die gezeigte Arbeitsbereitschaft Ihres Hundes mit einer Qualitätsbelohnung. Steigern Sie dann Ihren Leistungsanspruch, indem Sie die Übung in einzelnen Schritten immer schwieriger gestalten, Hilfen abbauen und Ablenkungen einbauen. Staffeln Sie hierbei die Belohnung, sodass Ihr Hund für Bestleistungen oder für ein gutes Bemühen bei neuen oder schwierigeren Anforderungen auch qualitativ bessere Belohnungen bekommt. Beenden Sie das Training mit einem Freizeitsignal.

Eine solche Vorgehensweise ist vor allem für alle arbeitsmotivierten Hunde wichtig. Um auch im Kopf fit zu bleiben brauchen Hunde dringend auch

Generalisierung

Tipp

Verlangen Sie nichts Unmögliches von Ihrem Hund. Setzen Sie bei deutlicheren Veränderungen der Situation gegebenenfalls leichte Hilfen ein. Vermeiden Sie es hierbei strikt, den Hund körperlich zu manipulieren und in Position zu bringen oder Ähnliches. Auch hier soll Ihr Trainingspartner eigenständig mitdenken, denn das führt zu einer wesentlich konstanteren Leistung, was ja das Ziel eines Generalisierungstrainings ist.

Ruhezeiten. Lassen Sie sich außerhalb Ihrer Trainingszeiten nicht auf Übungen mit dem Hund ein, denn sonst ziehen Sie sich einen Aufmerksamkeit heischenden Zappelphilipp heran. Lassen Sie einen Arbeitsdurchgang nach dem Auflösekommando (Freizeitsignal) stets ruhig ausklingen. Geben Sie Ihrem Hund beispielsweise Gelegenheit zum Schnüffeln oder schließen Sie einen ruhigen Bummelspaziergang an. Aufregung – auch Aufregung durch ein Spiel – legt die Fähigkeit zum schnellen und sauberen Abspeichern der gerade aufgenommenen Information lahm.

Dogdance-Elemente

Tanzschritte, Positionen und Figuren

Im Folgenden werden eine Reihe gängiger Dogdance-Elemente vorgestellt. Das Training kann ganz individuell gestaltet werden. Nutzen Sie die Talente Ihres Hundes.

Je strikter man sich im Training an die Regeln der Lerntheorie hält, umso stressfreier kann trainiert werden. Der Vorteil für den Hund liegt bei solch einem Vorgehen darin, dass er von Ihnen bestmöglich angeleitet und deshalb weniger Zweifel bei der Umsetzung der Übungen haben wird. Einem schnellen Gelingen steht so nichts mehr im Wege. Werfen Sie doch noch mal einen Blick auf Seite 9. Dort sind die Kernpunkte des Übungsaufbaus dargestellt. Spielen Sie gedanklich den Trainingsaufbau an einer Beispielübung durch.

Der spanische Schritt ist als Gangart im Tanz immer ein besonderer Hingucker.

Grundelement Fußlaufen

Das Fußlaufen stellt beim Dogdance die Grundübung dar. Anders als in der Unterordnung muss der Hund beim Dogdance allerdings nicht am linken Bein des Hundeführers „kleben". Es entspricht vielmehr persönlichen Vorlieben und manchmal auch den Tanzinhalten, ob man den Hund besonders eng oder eher mit ein wenig Abstand zum Bein laufen lassen möchte. Hierbei kann zusätzlich damit variiert werden, ob der Hund die ganze Zeit seinen Blick konzentriert auf den Hundeführer, also den Tanzpartner, richtet oder nicht. Auch der Wechsel an die rechte Seite oder das Führen des Hundes rechts als „Grundseite" ist beim Dogdance eine viel genutzte Möglichkeit. Die einzelnen Kunststücke, die den Tanz zu einem echten Erlebnis werden lassen, werden zur Musik nach und nach in das Fußlaufen eingebunden.

Training der exakten Fußposition

Wenn man das Fußlaufen des Hundes nicht auf herkömmlichem Weg trainiert, sondern als Target-Übung aufbaut, kann man mit dieser Grundübung ohne Mühe sowohl die Grundposition als auch das Fußlaufen in alle Himmelsrichtungen erarbeiten. Als Zielobjekt dient hierbei das Bein des Hundeführers, das der Hund mit seiner Schulter

Aha!

Warm up

Wärmen Sie ihren Hund vor dem Training immer gut auf, damit Muskeln, Sehnen und Bänder auf die kommende Trainingsbelastung vorbereitet und weniger verletzungsanfällig sind. So erhalten Sie Ihren Hund lange gesund und fit und er kann auch im hohen Alter noch Dogdance betreiben.

berühren soll (siehe auch Seite 15, „Target Training").

Bringen Sie Ihrem Hund bei, sich an der von Ihnen angezeigten Seite durch eine Wendung eng neben Sie in die seitliche Grundposition zu bringen. Locken Sie ihn ruhig mit einem Leckerchen, falls er diese Übung noch nicht kennt. Beschreiben Sie mit Ihrem Lockmittel eine ausladende Bewegung weit nach hinten (bei einem großen Hund

sollten Sie mit dem Bein noch einen kleinen Schritt zurückgehen, damit er genügend Platz zum Wenden hat) und „ziehen" Sie dann den Hund über das Lockleckerchen in einer Vorwärtsbewegung neben sich. Halten Sie das Leckerchen hierbei leicht nach außen. Wer mit dem Clicker arbeitet, hat nun besonders leichtes Spiel, schnell vom Locken wegzukommen. Clicken Sie, wenn Ihnen die Position oder Körperhaltung Ihres Hundes gut gefällt. Wenn Sie Ihr Bein als Target aufbauen möchten, gibt es einen Click, sobald Sie die Berührung der Hundeschulter an Ihrem eigenen Bein spüren.

Trainieren Sie geduldig diese Position. Achten Sie darauf, dass sich der Hund parallel neben Ihnen einfindet und nicht mit dem Po ausschert. Üben Sie dann, zunächst durch geringe Positionsveränderungen zum Hund, das „Nachrutschen": Ihr Hund soll dabei lernen, stets in paralleler Körperhaltung zu Ihnen dicht an Ihr Bein zu kommen. Markieren Sie Bestleistungen des Hundes stets mit einem Jackpot, bis er sich

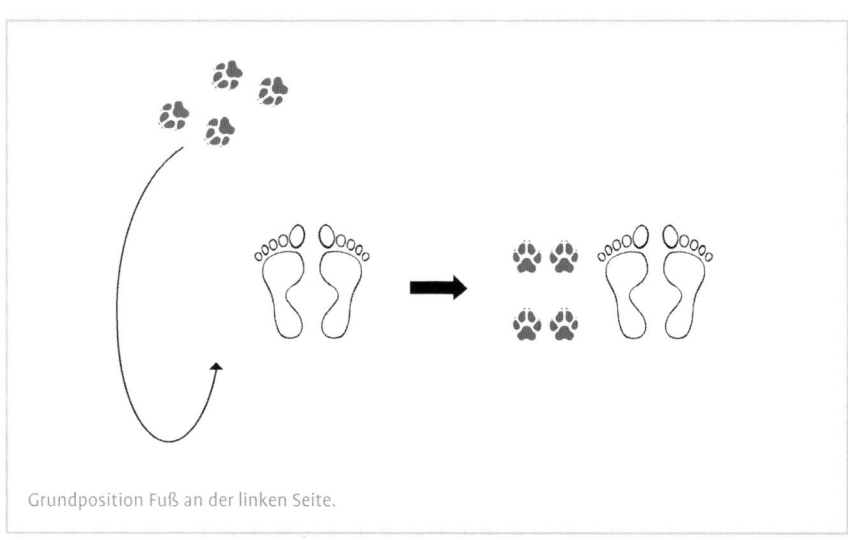

Grundposition Fuß an der linken Seite.

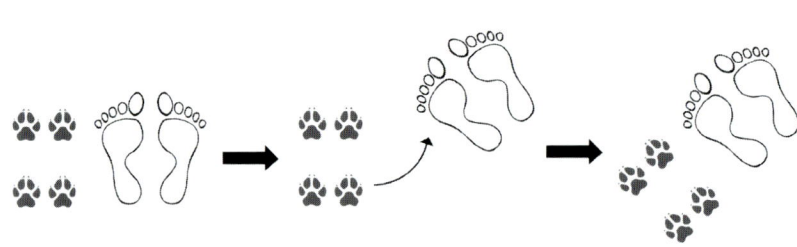

Nachrutschen in die Grundposition.

ganz sicher ist, was von im verlangt wird. Gönnen Sie ihm nach wenigen Wiederholungen und immer nach einem Jackpot eine Verschnaufpause. Streuen Sie die Übung aber ruhig häufig am Tag ein, denn sie stellt die Basis für Ihre weitere Dogdance-Zusammenarbeit dar.

Beherrscht Ihr Hund die seitliche Grundstellung in Perfektion, üben Sie in der Grundstellung nun „Sitz"-, „Platz"- und „Steh"-Wechsel in beliebiger Reihenfolge (wenn keine körperlichen Einschränkungen dagegen sprechen). Im Tanz können alle Haltungen genutzt werden. Für das Fußlaufen bringt besonders „Steh" den Durchbruch.

Tipp

Beinarbeit

Eine Fuß-Übung, die auf diese Art und Weise aufgebaut wird, spielt sich auf einem halben Quadratmeter Fläche ab. Diese Grundübung kann der Hund sowohl links als auch rechts von Menschen lernen. Die Positionen müssen dann mit zwei unterschiedlichen Kommandos (zum Beispiel „Fuß" und „Rechts") belegt werden, damit sie eindeutig abgerufen werden können und der Hund genau weiß, um welche Seite es sich handelt.

Lauftraining

Sobald der Hund fest verinnerlicht hat, dass er eng an Ihrer Seite parallel neben Ihnen stehen soll, können Sie es wagen, einen kleinen Schritt nach vorne zu laufen. Folgt der Hund Ihrer Bewegung, hat er sich eine Superbelohnung und nachfolgend eine kurze Pause verdient! Üben Sie später in weiteren Durchgängen nach und nach immer längere Strecken, Wendungen und Stopps. Belohnen Sie Ihren Hund ausreichend oft, aber achten Sie kritisch auf seine Leistung. Es ist produktiver, ihn anfangs so häufig zu belohnen, dass er gar keine Chance hat, einen Fehler zu machen – etwa zu trödeln oder abzudriften. Übrigens beides Fehler, die man beim Übungsaufbau mittels Schulter-Bein-Target von vornherein vermeiden kann. Beenden Sie die Übung, dem Trainingsstand Ihres Hundes entsprechend, lieber frühzeitig mit einem Erfolgserlebnis. Üben Sie nicht so lange, bis die Luft raus ist und mangels Konzentration kein schönes Ergebnis mehr erreicht werden kann.

Da Ihr Hund nun bestrebt sein wird, eng und parallel neben Ihnen zu stehen, können Sie sich neben dem Vorwärtslaufen auch in anderen Richtungen versuchen. Bewegen Sie sich anfangs einen kleinen Schritt seitlich weg vom Hund oder nach hinten. Belohnen Sie ihn umgehend, wenn er Ihrer Richtung folgt und sich bemüht, die Position nicht zu verlieren. Mit einem Target-Aufbau stellt das Rückwärtsgehen in der Fußposition und das seitliche Folgen meist kein Problem dar. Sich seitwärts von Ihnen weg zu bewegen ist für den Hund etwas schwieriger. Wenn man es über die Grundpositionsübung aufbaut, beinhaltet das ein Drohelement, denn man bedrängt den Hund hierbei körperlich. Wenn Ihr Hund nicht scheu ist, ist es aber trotzdem einen Versuch wert. Sollten Sie ihm aber anmerken, dass er sich unwohl fühlt, wählen Sie bitte eine andere Trainingsvariante (Beispiel: siehe Seite 54).

Üben Sie für die Vorbereitung eines Tanzes mit dem Hund das Laufen in der Fußposition zu verschiedenen Musikstücken. Finden Sie heraus, bei welcher Schrittgeschwindigkeit er das schönste Gangbild zeigt. Binden Sie Ihren Hund dann in Ihr eigenes Tanztraining ein (siehe Seite 86). Lassen Sie ihn zum Takt der Musik an Ihrer Seite Fußlaufen und beschreiben Sie gemeinsam Muster im Raum. Bauen Sie bereits jetzt immer wieder einmal unterschiedliche Arten von Wendungen ein (siehe Seite 89). Üben Sie nach und nach auch andere Geschwindigkeiten, aber bedenken Sie,

Seitliches Versetzen in Perfektion – mit überkreuzten Füßen bei Hund und Frauchen.

dass jeder Hund am liebsten in einem für ihn ganz eigenen Rhythmus läuft. Der Takt der Musik muss hierbei nicht zwingend der Geschwindigkeit des Hundes entsprechen. Auch im Tanz ist es möglich, bei einem langsamen Stück auch in doppelter Geschwindigkeit oder bei einem schnellen Stück in halber Taktgeschwindigkeit zu laufen.

Fuß rückwärts.

Halten der Fußposition in der seitlichen Bewegung.

Bei der Position „Vor" soll der Hund absolut gerade stehen.

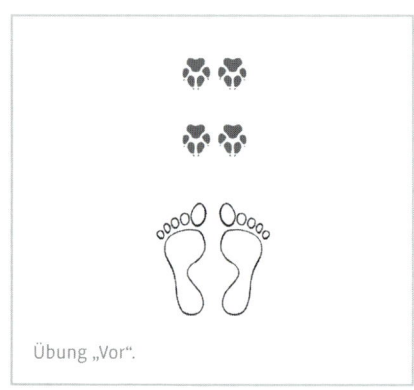

Übung „Vor".

Je nach Musikstück und Zielsetzung kann man den Takt der Musik aber auch weitgehend vernachlässigen und nur darauf bauen, einzelne Tanzelemente zu bestimmten Akzenten in der Musik zu zeigen. Legen Sie sich also, was das Fußlaufen anbetrifft, nicht auf irgendetwas fest. Feilen Sie lieber geduldig an einer immer zuverlässigeren Leistung und nutzen Sie im Training alle Variationen – umso flexibler wird Ihr Hund später bei der Tanzgestaltung sein.

Positionen

Im Dogdance-Training gibt es viele mögliche Positionen, in denen der Hund sich einfinden kann. Die Basis bildet die schon beschriebene Grundposition links oder rechts parallel an Ihrer Seite. Dies

muss keinesfalls, wie sonst im Hundesport üblich, mit „Sitz" kombiniert werden.

Wenn Sie ein hohes Trainingsniveau anstreben, sollten Sie Ihren Hund darin schulen, genau auf die Positions-Kommandos so achten. Es sollte mehr und mehr egal sein, wo Sie selbst stehen oder welche Körperhaltung Sie gerade einnehmen. Hierfür sind viele einzelne Generalisierungsübungen nötig, die in ihrem Leistungsanspruch nur allmählich gesteigert werden sollten, damit der Hund stets mithalten kann.

Freeze

In dieser Übung soll Ihr Hund in „eingefrorener" Stellung verharren, und zwar in der jeweils von Ihnen angesagten Körperhaltung. Das spezifische Detail dieser Übung ist, dass der Hund nicht dem Tanzpartner hinterherguckt, wie es viele Hunde unter dem Kommando „Bleib" tun. In der Aufgabe „Freeze" soll der Hund gerade vor sich hin oder, wenn man es möchte, auf den Boden gucken. Üben Sie „Freeze", um den Hund im Tanz leicht anweisen zu können, mit den Grundkommandos „Sitz", „Platz" und „Steh" sowohl an Ihrer Seite als auch frei im Raum. Das Innehalten des Hundes kann man leicht über einen

Blick-Target trainieren. Hierbei gilt es, dem Hund im ersten Trainingsschritt zu vermitteln, dass er seinen Blick zum Beispiel auf ein Klebezettelchen richten und dort halten soll. Feinschliff in punkto Präzision kann gut über den Clicker erreicht werden. Nach und nach wird dann geübt, dass der Hund den Blick auch beim Zettel hält, wenn Sie diesen nicht mehr selbst in der Hand halten. Üben Sie nach und nach beispielsweise den Hund zu umrunden, während er auf sein Blickziel guckt. Wenn Ihr Hund die Übung verinnerlicht hat, bauen Sie den Zettel als Hilfsmittel wieder ab.

Nachdem Sie Ihrem Hund die Übung „Freeze" vermittelt haben und Sie diese gegebenenfalls auch schon auf Kommando abrufen können, stärken Sie die Zuverlässigkeit der Position über ein reflexgesteuertes Training. Der sogenannte Oppositionsreflex beschreibt die Eigenart, auf Zug oder Druck die Muskelspannung zu erhöhen. Der Körper „wehrt" sich also gegen eine solche Form der Zwangsmaßnahme und genau dieses Sträuben kann zur Stärkung der Position belohnt werden. Im Fall der „Freeze"-Übung bedeutet dies: Steht Ihr Hund sicher im „Freeze", versuchen Sie ihn leicht an Schulter, Hüfte oder einer anderen Körperstelle zur Seite zu drücken. Provozieren Sie quasi, dass er seine Position verlässt. Drücken Sie nur so stark, dass er immer die Möglichkeit hat, seine Position mittels Muskelanspannung zu halten. Bleibt er im „Freeze", gibt es eine dicke Belohnung.

Vor
Der Hund soll hierbei ruhig und möglichst geradlinig vor Ihnen stehen. Entwickeln kann man diese Position leicht mittels „Steh"-Kommando aus dem Vorsitzen, wenn der Hund die-

se Übung vielleicht schon aus dem Grundgehorsam kennt. Andernfalls muss man andere Wege finden: Lassen Sie Ihren Hund auf sich zulaufen, indem Sie sich rückwärts von Ihm entfernen. Halten Sie an und belohnen Sie ihn, wenn er ruhig in gerader Linie frontal vor Ihnen steht. Eine andere mögliche Trainingsvariante ist, diese Position mit dem Clicker frei zu formen. Wenn Sie sicher sind, dass Ihr Hund die Position bereitwillig einnimmt, führen Sie ein Kommando für diese Position ein – ganz gleich, welche Trainingsmethode Sie zum Aufbau der Übung gewählt haben. Kombinieren Sie dann diese Übung mit „Bleib". So ist für den späteren Tanz gewährleistet, dass Sie sich in alle beliebigen Richtungen und gegebenenfalls auch mit unterschiedlichen Körperbewegungen mit oder ohne Blickkontakt zum Hund entfernen können.

Away
Eine weitere Raumposition ist die umgekehrte Vor-Position. Der Hund steht hierbei in gerader Linie vor Ihnen, jedoch ist die Blickrichtung von Ihnen abgewandt. Diese Position ist relativ anspruchsvoll, denn der Hund muss sich nach seinem Gefühl im Raum

Übungsaufbau „Away" mit einem Target-Objekt.

Mit einem solchen Target können Sie üben, dass Ihr Hund nach vorne sieht und sich nicht zu Ihnen umdreht.

rekt hinter dem Brett stehen. Achten Sie schon jetzt darauf, den Hund möglichst nie von hinten, sondern stets von vorne oder vom Boden aus zu belohnen. So wird vermieden, dass er sich den Hals verdreht, um Blickkontakt mit Ihnen zu halten. Der Clicker oder anfänglich eine Hilfsperson, die den Hund von vorne belohnt, leisten beim Trainingsaufbau gute Dienste. Später, wenn das Hilfsmittel „Brett" abtrainiert ist, fällt es dem Hund mit Hilfe einer Bodenmarkierung leichter, sich in gerader Linie vor Ihnen auszurichten. Alternativ kann er mit seinem Po Körperkontakt zu Ihnen halten. Möglich ist auch ein alternativer Übungsaufbau über ein Target. Dabei wird statt des Brettes ein dicker Stab gehalten. Der Hund lernt dann nicht die Kopplung „Füße berühren das Brett", sondern mit seinem Körper genau unter dem Stab zu stehen. Diese Leistung ist deutlich abstrakter, denn er kann den Stab nur vorne über sich sehen und muss dann ein Gefühl dafür entwickeln, wie er sein Hinterteil im Raum ausrichten muss.

orientieren. In besonders sauber trainierter Ausführung soll er Sie auch nicht angucken, sondern seinen Blick nach vorne richten. Sich von Ihnen wegzudrehen und in gerader Linie stehen zu bleiben kann der Hund leichter lernen, wenn man sich zum Beispiel ein Brett als Target-Objekt zu Hilfe nimmt. Üben Sie mit dem Hund, auf dem Brett zu wenden und belohnen Sie ihn stets nur dann, wenn alle vier Füße auf dem Brett stehen. Üben Sie als nächstes die Wendung, während Sie selbst auf oder di-

Spiegel

In der Position „Spiegel" soll der Hund seitlich neben dem Hundeführer in gerader Ausrichtung stehen. Anders als das „Steh" in der Grundposition gucken Hund und Halter in dieser Übung aber in entgegengesetzte Richtungen.

Der Aufbau dieser Übung als statische Position ist einfach. Locken Sie Ihren Hund im ersten Lernschritt von vorne kommend so an Ihre Seite, dass er eng an Ihrem Bein zu stehen kommt. Belohnen Sie ihn genau in dieser Position und erarbeiten Sie sich dann durch weitere Trainingsschritte, dass der Hund eine gute Verknüpfung zwischen der Position und der Beloh-

Tipp

Geduld

Führen Sie ein Sprachkommando erst ein, wenn der Hund die Position sicher beherrscht und er circa acht von zehn Mal so neben Ihnen steht, wie Sie es in der Übung wünschen.

Position „Spiegel".

Anfangs kann der Hund in die Spiegel-Position gelockt werden.

nung herstellt. Bauen Sie so schnell wie möglich die Hilfestellung über das Locken ab: Etablieren Sie gegebenenfalls ein Sichtzeichen für diese Position oder bringen Sie nach den ersten Versuchen mit Hilfestellung den Hund über das freie Formen mit dem Clicker in die gewünschte End-Position.

Mitte

In dieser Übung soll der Hund zwischen den gegrätschten Beinen des Hundeführers stehen. Für sehr große Hunde oder auch große Hunde mit eher kleinen Tanzpartnern ist diese Übung nicht geeignet, denn dann sieht die Position unvorteilhaft aus. Ansonsten ist es eine Übung, die meist recht leicht zu trainieren ist – vorausgesetzt, der Hund ist nicht übermäßig scheu, was körperliche Nähe zum Menschen und körpersprachliche Drohelemente anbetrifft.

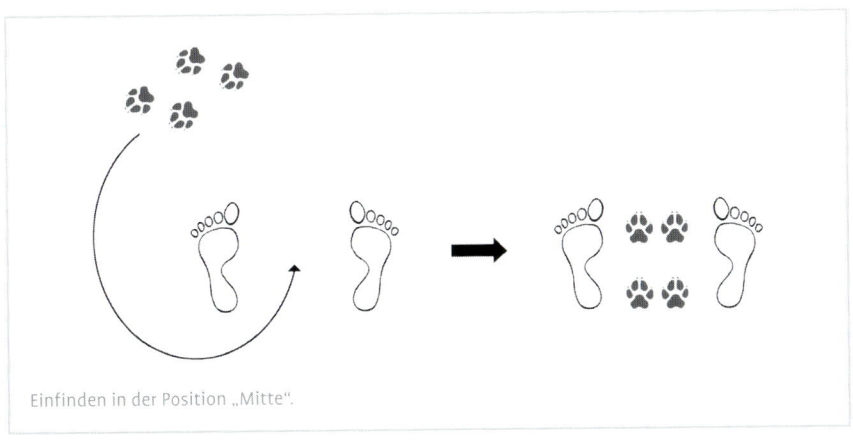

Einfinden in der Position „Mitte".

Tipp

Eleganz

Für kleine oder scheue Hunde kann die Mitte-Übung auch mit einem Nasen-Target als Hilfsmittel aufgebaut werden. Die Grundübung Nasen-Target sollte der Hund vorher in einer separaten Übung erlernt haben. Dann kann man den Hund sehr elegant von hinten kommend zwischen die gegrätschten Beine in die richtige Position dirigieren ohne sich dabei zu verrenken.

Stellen Sie sich in der Grätsche auf und locken Sie Ihren Hund im ersten Lernschritt von hinten kommend zwischen Ihre Beine. Belohnen Sie ihn dort, gerne auch mehrmals hintereinander, um ihm ein Gefühl von Sicherheit an diesem Ort zu geben. Lösen Sie dann die Übung mit dem Freizeitkommando auf.

Ist die Übung „Mitte" vertraut, können Sie so gemeinsam laufen.

Wiederholen Sie die Übung in den folgenden Trainingssitzungen immer wieder, bis Ihr Hund routiniert und ohne Zögern in die gewünschte Position läuft. Überlegen Sie sich vor Trainingsbeginn, wie weit Ihr Hund zwischen Ihren Beinen hervortreten darf. Soll er mit seinem Rücken oder mit seinem Kopf unter Ihnen stehen? Achten Sie bei der Verteilung der Belohnung darauf, dass Sie ihm das Leckerchen genau in der richtigen Position geben, denn sonst kann er keine korrekte Verknüpfung herstellen.

Gleichwohl für welchen Aufbau Sie sich entschieden haben: Bauen Sie die Hilfestellung in kleinen Schritten wieder ab und setzen Sie die Übung auf Kommando.

Der hier beschriebene Trainingsaufbau ist die gängige Variante der Übung.

Zwischen

Selbstverständlich kann der Hund auch die zur „Mitte" umgekehrte Position („Zwischen") erlernen. In diesem Fall läuft er Ihnen von vorne kommend zwischen die gegrätschten Beine und bleibt unter Ihnen stehen. Sie gucken dann auf den Hundepopo. Diese Variante ist im Trainingsaufbau etwas schwieriger, denn der Hund kann sich nicht an Ihrem Gesicht orientieren. Außerdem ist es auch etwas komplizierter, ihn genau in der gewünschten Position zu belohnen. Dieses Problem kann aber über den Einsatz des Clickers aufgefangen werden.

Auf

In dieser Übung soll der Hund auf seinen Hinterläufen stehen und hierbei für einen kurzen Moment gut die Balance halten. Das ist gar nicht so einfach! Beim aufrechten Stehen entspricht der Übungsaufbau im Prinzip dem der

Aufrecht-Gehen-Übung (siehe Seite 56). Bauen Sie die Übung schrittweise auf und achten Sie auf die körperliche Verfassung Ihres Hundes: Für große und/oder schwere Hunde sowie solche mit rassespezifisch langen Rücken und generell für Hunde mit Problemen in der Hüfte, den Hinterextremitäten, den Wirbeln oder Bandscheiben ist „Auf" nicht geeignet. Die Gelenke und Muskeln der Hintergliedmaßen und des Rückens werden hierbei zu stark beansprucht.

Trainieren Sie das aufrechte Gehen und das aufrechte Stehen nicht nacheinander, denn das führt zur Verwirrung auf Hundeseite und steht somit einem schnellen Lernerfolg entgegen. Wenn Sie beide Übungen umsetzen möchten, sollten Sie die zweite Variante erst dann in Angriff nehmen, wenn die erste Übung bereits auf Kommando abrufbar ist. Zur Unterscheidung der Übungen ist es eine Hilfe für den Hund, wenn der Übungsstart deutlich anders ist. Benutzen Sie beispielsweise zum Übungsaufbau unterschiedliche Target-Objekte.

Aufrecht Stehen können Sie mit Hilfe eines Target-Objektes leicht aufgebauen.

sind, können so frühzeitig gemeinsame Bewegung-Stille-Muster umgesetzt werden (siehe Seite 88).

Positionen kombinieren

Binden Sie nach und nach auch andere Elemente in das Positionstraining ein, wenn Ihr Hund die jeweiligen Übungen schon erlernt hat. Alle statischen Tanzelemente wie die Vorderkörpertiefstellung, das seitliche Liegen, aber auch Übungen wie sitzend Männchen zu machen und viele andere eignen sich hierfür.

Aber auch die Kombination des jeweiligen Tanzelementes mit einer vorangegangenen Bewegung, also etwa „Sitz" aus der Fuß-Bewegung oder ein „Diener" aus dem Rückwärtsgehen, kann geübt werden, um später beliebige Tanzelemente kombinieren zu können. Wenn Sie und Ihr Hund soweit

Laufen auf vielen Wegen

Durch verschiedene Übungen kann die Laufbewegung noch ansprechender gestaltet werden. Die einzelnen Elemente können neben der Grundübung „Fußlaufen" in den Tanz eingebunden werden.

Slalom

Das Slalomlaufen ist eine beliebte Übung beim Tanzen, die variantenreich abgewandelt werden kann. Die Grundübung für alle Slalomvarianten ist, eine Acht um die Beine zu laufen. Dies kann zunächst aus der Grätschstellung heraus trainiert werden. Lassen Sie den Hund aus der Grundposition starten

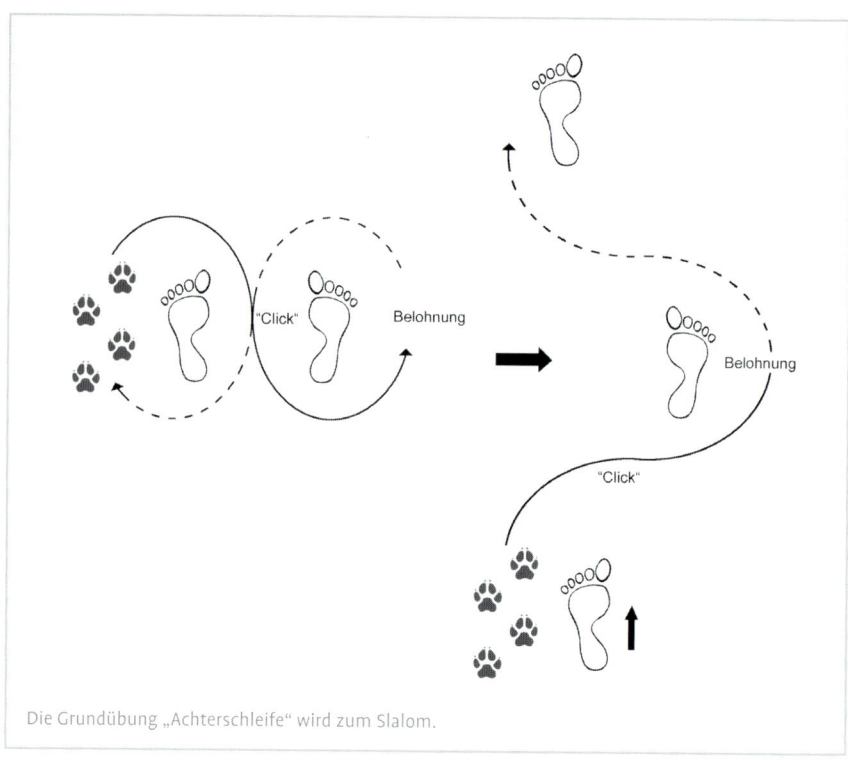

Die Grundübung „Achterschleife" wird zum Slalom.

und locken Sie ihn von vorne nach hinten durch Ihre Beine hindurch auf die andere Seite. Mit einer Lock-Hilfe zu starten kann auch für die Clicker-Hunde eine Erleichterung sein. Clicken Sie, wenn der Hund zwischen Ihren Beinen ist, aber lassen Sie ihn seine Belohnung immer außen seitlich an Ihrem Bein abholen. So lernt er schnell, dass er nicht zwischen Ihren Beinen stehen bleiben soll. Wiederholen Sie dann das ganze.

Tipp

Achterbahn

Eine Acht um die Beine zu laufen ist eine Figur, die auch unabhängig von einer Slalomstrecke in den Tanz eingebunden werden kann.

Arbeiten Sie diese Übung in mehreren kurzen Trainingssitzungen solange aus, bis für den Start keine Lockhilfe, sondern bestenfalls ein Sichtzeichen erforderlich ist. Wollen Sie die Übung später auf Sprachkommando abrufen können, muss im Trainingsaufbau die Regel eingehalten werden: erst das Sprachkommando, dann das Sichtzeichen. Denn sonst konzentriert sich der Hund nicht auf die Sprache, sondern nur auf Ihr Sichtzeichen.

Ihr Hund kann nun auf Signal eine Acht durch Ihre Beine laufen. Jetzt können Sie ganz leicht zum Slalomlaufen übergehen.

Wenn Ihr Hund aus der linken Grundposition startet, gehen Sie einen Schritt mit dem rechten Bein vor und geben dem Hund dann das Signal für die

Achterrunde, die er schon gelernt hat. Setzen Sie einen Jackpot zur Belohnung ein, wenn der Hund trotz der leichten Veränderung Ihrer Körperposition alles richtig macht. Erschweren Sie dann schrittweise die Übung, indem Sie mit langsamen Schritten vorwärts gehen und dem Hund Schritt für Schritt ansagen, was Sie von Ihm erwarten. Wenn Sie später eine definierte Strecke laufen wollen, können Sie auch trainieren, die Übung mit nur einem Kommando umzusetzen.

Varianten: Aus der schon gelernten Bewegung können leicht auch andere Figuren erarbeitet werden. Eine gängige Variante ist es, selbst rückwärts zu laufen, während der Hund aus der Vor-Position durch Ihre Beine vorwärts Slalom läuft. Damit man nicht stolpert, muss sich der Hund diesmal aber von der anderen Seite in die Slalomstrecke einfädeln. Konkret sieht die Übung so aus: Ihr Hund steht frontal vor Ihnen. Sie gehen mit dem linken Bein einen Schritt zurück und locken Ihren Hund rechts um Ihr rechtes Bein herum zwischen Ihre Beine und dann links an Ihre Seite. Es folgt der nächste Schritt, bei dem der Hund von links hinter Ihrem linken Bein entlang durch die Mitte auf Ihre rechte Seite läuft und so weiter. Aufgrund dieser Besonderheit ist es erforderlich, diese Übung mit einem anderen Kommando zu belegen, denn der Hund lernt in den Übungen auch immer ein Raumbild beziehungsweise Ihre Körperhaltung zu lesen. Jetzt hat er es mit einem anderen Raumbild zu tun, auch wenn der bogenförmige Bewegungsablauf für ihn derselbe ist.

Eine weitere und schon sehr spektakuläre Variante ist, den Hund rückwärts Slalom laufen zu lassen während

Tipp

Übergänge

Der Wechsel vom Slalomlaufen in eine andere Übung während eines Tanzes muss sorgfältig aufgebaut werden. Vor allem muss die nachfolgende Übung dem Hund rechtzeitig angesagt werden. Es ist ein häufiger Fehler, dass der Hund so sehr mit seinen Slalombögen beschäftigt ist, dass er am Schluss gegen das Bein des Menschen läuft, während dieser eine andere Körperposition für die nächste Übung einnimmt.

man selbst ebenfalls rückwärts läuft. Hierbei muss der Hund lernen, mit dem Po voran relativ enge Bögen um Ihre Beine zu gehen und dabei versuchen, so parallel wie möglich bei Ihnen zu bleiben. Wenn Ihr Hund bereits das gerade Rückwärtsgehen gelernt hat,

Rückwärts-Slalom ist eine tolle Trainingsherausforderung.

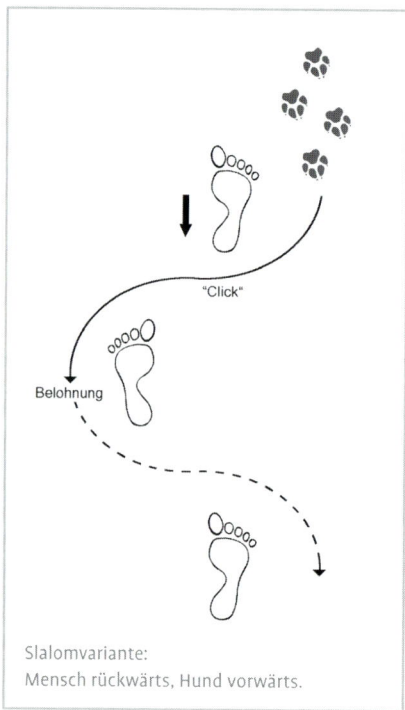

Slalomvariante:
Mensch rückwärts, Hund vorwärts.

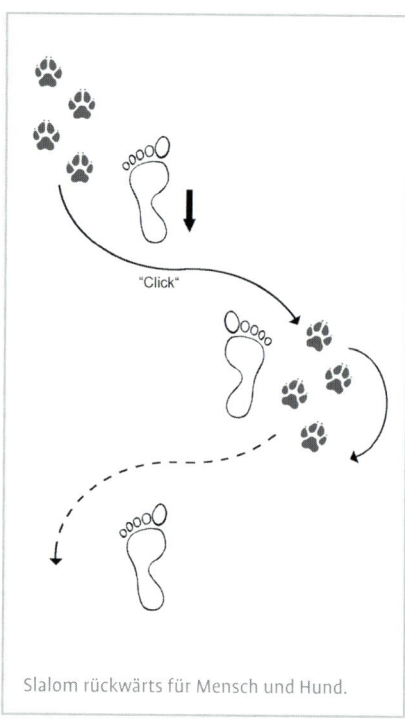

Slalom rückwärts für Mensch und Hund.

fällt ihm diese Übung meist leichter, denn dann hat er schon begriffen, dass auch seine Hintergliedmaßen das Feld anführen können. Lassen Sie den Hund in der linken Grundposition stehen und machen Sie mit Ihrem rechten Bein

Tipp

Belohnungsindikator

Der „Click!" ist das feste Versprechen an Ihren Hund ein Leckerchen zu bekommen, wenn er eine gute Leistung gezeigt hat. **Ob er nach dem „Click!" die Bewegung erfolgreich beendet oder nicht, spielt keine Rolle!** Dennoch ist es für einen schnellen Lernerfolg günstig, wenn der Hund beim Training feiner Bewegungsmuster nach dem Click nicht die Gelegenheit hat etwas zu tun, was dem Lerninhalt entgegensteht.

einen weiten Schritt zurück. Locken Sie nun den Hund mit der Schnauze weit nach links außen, dabei sollte der Hund mit dem Po dicht bei Ihnen bleiben. „Schieben" Sie ihn dann mit dem Leckerchen durch Ihre Beine hindurch. Locken Sie ihn sofort, wenn er durch Ihre Beine hindurchgegangen ist, mit Ihrer rechten Hand weiter und manövrieren Sie ihn in die richtige Position für den nächsten Bogen, also weit mit der Schnauze nach rechts, damit er mit dem Po wieder zwischen Ihre Beine gelangen kann. Stellen Sie diese Übung so früh wie möglich, das heißt schon nach etwa fünf erfolgreichen Lockversuchen auf die Lernhilfe mit dem Clicker um. Ihr Hund soll bei diesem recht komplizierten Bewegungsablauf genau wissen, was er tut und nicht nur blindlings rückwärts stolpern, weil er einem

Sie können ein Sichtzeichen einsetzen, um die Richtung vorzugeben.

Die Kunst beim Rückwärts-Slalom: gezielt mit dem Po voran.

Leckerchen folgt. Clicken Sie anfangs jede kleine Veränderung der Körperposition, die Sie näher ans Ziel bringt. Insbesondere die leichte Drehbewegung in Richtung Ihrer Beine mit dem Po und dann wieder die Auswärtsdrehung mit dem Vorderkörper sollten Sie im Fokus

haben. Belohnen Sie den Hund auch in dieser Übung nach dem Click möglichst in der nächsten Außenposition, damit er nicht zwischen Ihren Beinen stehend auf seine Belohnung wartet. Arbeiten Sie diese Übung schrittweise in vielen kurzen Trainingseinheiten sauber aus

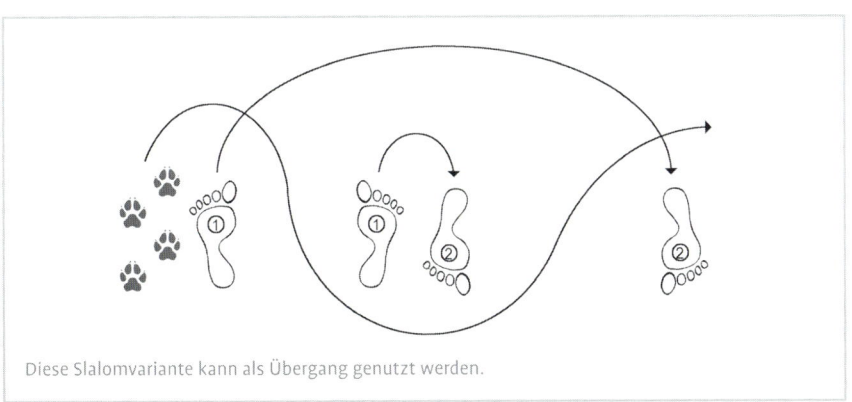

Diese Slalomvariante kann als Übergang genutzt werden.

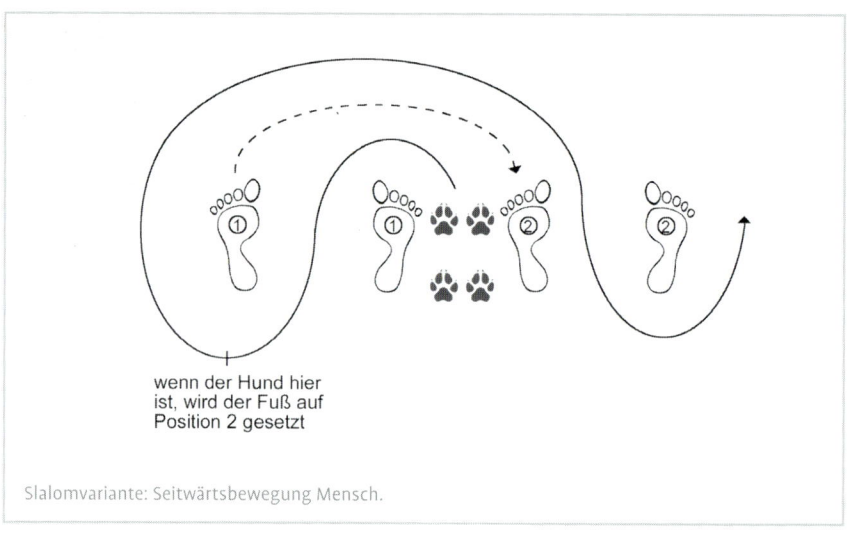

wenn der Hund hier
ist, wird der Fuß auf
Position 2 gesetzt

Slalomvariante: Seitwärtsbewegung Mensch.

und setzen Sie sie erst dann auf Signal, wenn Ihr Hund genau weiß, was er tun soll.

Auch diese Übung kann man spiegelbildlich ausführen. Das bedeutet, man selbst geht vorwärts, der Hund geht Rückwärtsbögen durch Ihre Beine. Lassen Sie den Hund hierzu aus der „Spiegel-Position" (siehe Seite 40) z. B. an Ihrer rechten Seite starten. Sie gehen mit Ihrem linken Bein einen Schritt vor. Manövrieren Sie den Hund rückwärts laufend durch Ihre Beine hindurch an die linke Seite und versuchen Sie, ihn direkt wieder in eine bogenförmige Bewegung nach rechts zu bekommen, indem Sie ihn anfangs mit einem Leckerchen weit nach außen locken. Auch hier ist zwar die Bewegung dem gemeinsamen Rückwärts-Slalom-Laufen ähnlich, dennoch muss diese Übung auf ein eigenes Signal gesetzt werden, um den Hund nicht zu verwirren, da das Raum- und Körperhaltungsbild nicht identisch sind.

Aus den schon angesprochenen Varianten können mit ein bisschen Fantasie noch weitere Figuren umgesetzt werden. Die Trainingsbeispiele beziehungsweise die Schrittpläne sind als Grafiken auf den Seiten 47 und 48 dargestellt.

Anfangs braucht der Hund für den Slalom um die Beine und um ein Objekt noch etwas Hilfestellung.

Neben den unterschiedlichen Schritt-
folgen kann die Slalomübung aber auch
über verschiedene Körperhaltungen
verändert werden. Lassen Sie Ihren
Hund, wenn es seine Größe zulässt,
Slalom laufen, während Sie hocken oder
„Turnübungen" machen: Hüfte hoch,
Hand aufgestützt, Füße aufgestützt.

Auch Accessoires können in das
Slalomlaufen eingebunden werden.
Lassen Sie Ihren Hund beispielsweise
erst eine halbe Achter-Runde durch Ihre
Beine und dann noch einen Bogen um
einen Stock oder Schirm laufen. Dies
kann sehr elegant aussehen, wenn das
jeweilige Utensil thematisch gut zum
ausgewählten Lied passt.

Rückwärts

Das gerade Rückwärtslaufen („Zurück")
ist eine Figur, die häufig im Dogdance
verwendet wird. Die Grundübung ist
relativ leicht zu erlernen, für Hunde
aller Körpergrößen und Temperamente
geeignet und in vielen verschiedenen
Varianten abzuwandeln. Kurzum: eine
Übung, die sich wirklich lohnt!

Lassen Sie Ihren Hund aus der Vor-
Position starten und gehen Sie einen
ganz kleinen Schritt auf ihn zu. Vor
allem wenn Sie mit dem Clicker trainieren ist diese Übung ein Kinderspiel,
denn Sie können dem Hund mit einem
optimalen Timing der Belohnung (bzw.
des Versprechens für eine nachfolgende
Belohnung) vermitteln, was er tun soll.
Gucken Sie Ihrem Hund auf den Po und
clicken Sie, sobald Ihr Hund mit einem
Hinterbein einen Schritt nach hinten
gemacht hat. Geben Sie ihm wie üblich
nachfolgend das Leckerchen. Versuchen Sie in mehreren Durchgängen zu
erreichen, dass Ihr Hund lernt, mehrere
Schritte schnurgerade rückwärts zu laufen. Sollte er zum Abdriften tendieren,

Wenn Hund und Mensch gleichzeitig rückwärts gehen,
kann schnell eine größere Distanz aufgebaut werden.

können Sie anfangs eine Barriere – zum
Beispiel in Form eines Zaunes oder einer
Wand – zu Hilfe nehmen. Probieren Sie
unterschiedliche Begrenzungen aus.
Je auffälliger das Hilfsmittel, desto
langwieriger wird es später, die Übung
so weit zu generalisieren, dass der
Hund die Übung auch ohne Hilfsmittel
umsetzen kann.

Hat Ihr Hund die Grundübung verstanden, kann er in gerader Linie vor
Ihnen rückwärts laufen, während Sie
auf ihn zugehen. Diese Grundübung
kann im Tanz beispielsweise in einer
schönen Vorwärts-Rückwärts-Variante
durch die eigenen Tanzbewegungen
aufgegriffen werden, indem Sie Ihren
Hund rückwärts laufen lassen und ihm
mit rhythmischem Schulterschütteln
zum Takt der Musik folgen. Lassen Sie

Übung „Zurück".

jedem beliebigen Moment mit einem ganz präzisen Timing vermitteln, was Sie von ihm sehen möchten. Achten Sie darauf, das Trainingsziel auch hier nur in ganz kleinen Schritten zu steigern, damit Ihr Hund stets freudig am Ball bleibt und niemals Zweifel hat, was er tun soll. Solange für das Rückwärtslaufen noch kein Kommando etabliert ist, muss die Übung mit einer ganz leichten Vorwärtsbewegung Ihrerseits gestartet werden. Clicken Sie hier frühzeitig, um dem Hund Sicherheit zu geben, obwohl Sie ihm nicht folgen, wie er es gewohnt ist. Steigern Sie schrittweise den Anspruch: Clicken Sie erst, wenn er zwei Schritte rückwärts gegangen ist und so weiter.

Eine weitere Übung ist das Rückwärtslaufen des Hundes durch Ihre gegrätschten Beine. Hier ist es erforderlich, dass der Hund lernt, wirklich gerade rückwärts zu laufen. Die Übung würde an Charme verlieren, wenn der Mensch versuchen müsste, sich selbst schnell genug in Position zu bringen, damit der Hund beim Rückwärtslaufen keinen Zusammenstoß verursacht. Die Target-Hilfe (Matte oder Brettchen) sollte im Trainingsverlauf schrittweise wieder abgebaut werden. Im Detail sieht die ganze Übung dann so aus, dass der Hund wahlweise „Voran!" geschickt wird, um dann rückwärts wieder zu einem zurückzukommen und durch die gegrätschten Beine hindurchläuft.

Sobald Ihr Hund diese Übung beherrscht, kann man noch eine weitere Schwierigkeitsstufe einführen: Sie und Ihr Hund gehen nun gleichzeitig, aber in entgegengesetzte Richtungen rückwärts. Auf diese Weise haben Sie schnell eine große Distanz zwischen sich und dem Hund. Diese Übung ist

ihn dann in die Vor-Position auf sich zulaufen und gehen Sie dabei mit derselben Schulterbewegung rückwärts vor Ihrem Hund her.

Neben der Grundübung können Sie sich nun weiteren Schwierigkeitsstufen widmen. Trainieren Sie mit Ihrem Hund sich rückwärts von Ihnen zu entfernen, während Sie selbst stehen bleiben. Auch diese Übung kann man am einfachsten mit dem Clicker aufbauen, denn Sie können ihm über dieses Hilfsmittel in

Tipp

Geradlinigkeit

Wenn Ihr Hund schon ein paar Schritte rückwärts läuft und gut darin ist, Leckerchen aus der Luft aufzuschnappen, lohnt es sich, ihm die Belohnung entgegenzuwerfen. Das erspart einige Trainingsschritte, da man schneller eine größere Distanz aufbauen kann. Der Hund wird so nicht dazu verleitet, eine Pendelbewegung zu zeigen, indem er nach ein paar Schritten Rückwärtslaufen in der Erwartung eines Belohnungshäppchens wieder vorwärts auf Sie zu kommt.

also etwas für eine große Bühne, bei der man die Entfernung vielleicht zum Schwungholen für eine nachfolgende Sprung-Übung oder ein anderes Tanzelement nutzen kann.

Eine oftmals spektakulär wirkende Figur und insgesamt recht anspruchsvolle Übung kann man aus einer Kombination verschiedener Tanzelemente entwickeln: Der Hund geht rückwärts von Ihnen weg, wendet und kommt dann rückwärts laufend wieder auf Sie zu. Sie selbst stehen in einer Grätsche und lassen den Hund durch Ihre Beine laufen. Danach schließt er sich wieder seitlich oder auch wie in der Übung „Folgen" an und es kann weitergehen. Da diese Übung aus vielen verschiedenen Einzelelementen besteht, ist es sinnvoll, sie zunächst in kleine Abschnitte aufzuteilen und diese Teilelemente zunächst getrennt voneinander zu trainieren. Die Wendung, bei der der Hund Ihnen mit dem Po zugewandt ist, entspricht der Übung „Away" und ist auf Seite 39 beschrieben. Das Laufen rückwärts auf Sie zu und durch Ihre gegrätschten Beine können Sie mit einer ganz geringen Distanz ruhig ein paar Mal mit Locken vortrainieren, dann hat der Hund vielleicht schon eine kleine Ahnung von der Übung. Lassen Sie ihn danach in der Position „Away"-„Steh"-„Bleib" oder „Freeze" stoppen. Stellen Sie sich mit gegrätschten Beinen hinter ihm auf und verlangen Sie nun „Zurück". Clicken Sie schon kleinste Teilerfolge, um dem Hund Sicherheit in der Übung zu geben. Dehnen Sie nach und nach die Distanz aus. Setzen Sie am Schluss die einzelnen Teilschritte der Übung zum Gesamtbild zusammen und belegen Sie die Übung danach mit einem eigenen Kommando. Das vereinfacht die Führung im Tanz.

Damit der Hund nicht anstößt, kann der Mensch etwas helfen.

Spiegelbildliches Laufen

Aus der Spiegel-Position heraus kann man auch anspruchsvolle Fuß-Varianten starten. Die bewegte Spiegel-Übung kann in zwei Richtungen umgesetzt werden: Wenn der Mensch rückwärts läuft und der Hund in der Spiegel-Position an der Seite bleibt, ist es für den Hund einfacher. Wenn der Mensch vorwärts läuft und der Hund rückwärtslaufend in der Spiegel-Position bleiben soll, ist es etwas kniffliger. Achten Sie insbesondere darauf, dem Hund hierbei nicht versehentlich auf eine Pfote zu treten, denn das kann ihm die Übung schnell verleiden. Leider passiert dies bei kleinen Hunden schnell einmal. Passen Sie die Laufgeschwindigkeit in dieser Übung dem Geschick Ihres Hundes an.

Hinten laufen, Folgen

Eine Abwandlung vom Fußlaufen ist die Übung „Folgen". Hierbei soll der Hund direkt hinter dem Hundeführer laufen. Ob er dies mehr oder weniger dicht tut, sollte gleich zu Anfang des Trainings definiert werden.

Wenn der Hund gelernt hat, ein Target-Objekt mit der Nase zu berühren, ist das Training ein Kinderspiel. Halten Sie die Spitze vom Nasen-Target dann so hinter sich, dass der Hund genau in der gewünschten Position läuft. Wenn Sie sicher sind, dass Ihr Hund die Aufgabe verstanden hat, kann ein eigenständiges Signal für diese Übung eingeführt werden. Denken Sie hierbei an die Reihenfolge der Kommandos. Benutzen Sie zum Übergang erst das neue Signal für die „Folgen"-Übung und dann das Target-Kommando. Lassen Sie das Target-Kommando weg, sobald Ihr Hund eine Verknüpfung zum neuen Signal hergestellt hat.

Unten laufen

Die auf Seite 41 beschriebene Positions-Übung „Mitte" kann in eine dynamische Übung umgewandelt werden. Hierbei soll der Hund in gleicher Geschwindigkeit wie sein Tanzpartner laufen und die ganze Zeit die „Mitte"-Position beibehalten. Diese Übung kann vorwärts oder rückwärts gezeigt werden. Auch die umgedrehte Variante (Position „Zwischen") kann vorwärts oder rückwärts umgesetzt werden. So ergeben sich für einen Tanz mit einer beziehungsweise mit zwei Grundübungen schnell ganz verschiedene Möglichkeiten. Den meisten Hunden fällt es nicht schwer, die dynamische Übung unter demselben Kommando wie die Positionsübung zu absolvieren. Denn die Verknüpfung mit der Position bleibt

Übung „Folgen".

gleich. Im Prinzip muss der Hund durch die Bewegung des Menschen seine eigene Position ständig korrigieren. Durch die Positions-(Grund-)Übung hat er jedoch vorher gelernt, wo ihn seine Belohnung erwartet, daher kann er einem relativ leicht zu erreichenden Ziel entgegenarbeiten. Belohnen Sie Ihren Hund anfangs schon nach wenigen Schritten und verlangen Sie nur schrittweise mehr Wegstrecke.

Spanischer Schritt

Auch in dieser Übung, in der der Hund federnd laufen und dabei seine Vorderfüße möglichst schwungvoll nach oben werfen soll, gibt es wieder viele Trainingsmöglichkeiten, um ans Ziel zu kommen. Selbstverständlich kann man dem Hund zunächst das abwechselnde Geben der Pfoten beibringen und dies dann im Laufen verlangen. Viele Hunde reagieren aber noch besser auf einen anderen Trainingsansatz. Hierbei findet ein Nasen-Target Einsatz, den der Hund schon aus einer Target-Grundübung kennen sollte. Laufen Sie mit dem Hund an Ihrer rechten oder linken Seite gemeinsam los. Wenn Sie wissen, dass Ihr Hund in einer bestimmten Gang-geschwindigkeit sowieso die Füße schmeißt, sollten Sie genau diese für das erste Training wählen. Halten Sie im Laufen nun das Nasen-Target so über den Kopf des Hundes, dass er die Nase nach oben strecken muss, um es zu erreichen. Beobachten Sie derweil seine Vorderfüße: Clicken Sie, sobald er sie schwungvoll hochwirft. Lassen Sie Ihren Hund in den nächsten Trainings-durchgängen Sicherheit in dieser Übung gewinnen. Bauen Sie dann das Hilfs-mittel ab und setzen Sie die Übung auf Kommando.

Gangster-Gang

Lassen Sie Ihren Hund an Ihrer Seite starten und gehen Sie selbst in Zeitlupe einen Schritt vor. Achten Sie auf eine geheimnisvolle und gespannte Körper-haltung, sodass Ihr Hund auf keinen Fall an Ihnen vorbei flitzt. Halten Sie immer wieder an und belohnen Sie Ihren Hund für das Anhalten nach jedem einzelnen Schritt. Geben Sie ihm ein besonderes Feedback beziehungsweise clicken Sie, wenn er den Kopf in der Vorwärtsbe-wegung tief hält. Dann sieht der Gang noch mehr nach Schleichen aus. Sollte die Kopfhaltung Ihrem Hund schwer fallen, können Sie ihm auch über den Einsatz eines Nasen-Targets Hilfestel-lung geben. Wenn Ihrem Hund das Schleichen in Fleisch und Blut überge-gangen ist, führen Sie ein Kommando (zum Beispiel „Schleichen") für die neue Gangart ein.
Variationen des Schleichens sind über ein zielgerichtetes Generalisierungstrai-ning möglich. Erarbeiten Sie schritt-weise, dass Ihr Hund auch in anderen Raumpositionen auf Sie zu oder – wesentlich anspruchsvoller! – von Ihnen

> ## Tipp
>
> ### Weitblick
>
> Aus der eigenen Lauf-Position heraus fällt es oft schwer, den Hund beziehungs-weise die Vorderläufe des Hundes zu sehen. Behelfen Sie sich mit Spiegeln oder, noch besser, mit einer Hilfsperson, die für Sie das Clicken übernimmt.

weg schleicht. Auch Verknüpfungen von der langsamen Gangart und der „Zurück"-Übung sind möglich.
Thematisch sollte das Schleichen zur Musik passen, sonst ist die Übung schnell ein wenig fade. Interessante Einlagen kann man bieten, indem man sich selbst zum Schleichen des Hundes in Zeitlupe bewegt. Wenn man auch die Musikgeschwindigkeit verlangsamen kann, sind spektakuläre Tanzbilder möglich.

Als Objekt für die Hilfsübung „Pfoten-Target" ist eine Fliegenklatsche gut geeignet.

In der Zeitlupe wirkt es attraktiver, wenn die Bewegungen vergrößert werden, das heißt man hebt die Arme und Beine langsam in übertriebener Art und Weise. Das kann auch der Hund lernen. Zumindest mit den Vorderpfoten ist dies kein Problem. Die Langsamkeit in die Bewegung zu bekommen ist meist die größere Hürde, aber gleichzeitig eine tolle Trainingsherausforderung.

Krabben-Gang

Aus der „Vor"-Position kann man problemlos das seitliche Versetzen, bei dem der Hund dem menschlichen Tanzpartner zugewandt ist, nach rechts oder links ableiten. Lassen Sie den Hund aus der „Vor"-Position starten. Verändern Sie dann Ihre eigene Raumposition in gerader Linie nach rechts oder links um etwa 15 Zentimeter. Lassen Sie den Hund dann die Vor-Position korrigieren, denn er steht durch Ihre eigene Bewegung ja nicht mehr direkt vor Ihnen. Verstärken Sie jede Tendenz des Hundes, sich in einer seitlichen Bewegung wieder in die Vor-Position zu bringen. Ignorieren Sie mögliche Versuche des Hundes, sich zuerst zu drehen und dann wieder in die Vor-Position zu kommen.

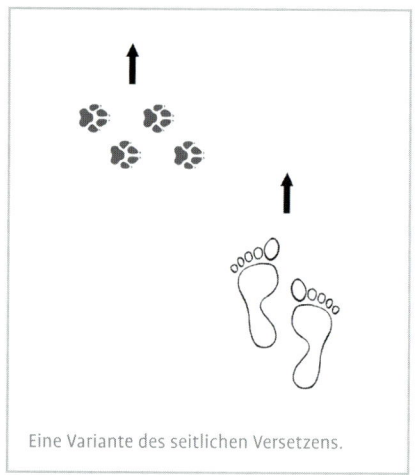

Eine Variante des seitlichen Versetzens.

Verändern Sie in diesem Fall bei der nächsten Wiederholung Ihre Position nur um zehn statt um 15 Zentimeter. Definieren Sie Ihr gewähltes Kommando sehr genau. Grundsätzlich würde für alle Varianten dieser Übung ein Kommando für das seitliche Versetzen nach rechts und eines für links reichen. Wenn dies Ihr Ziel ist, sollten Sie so schnell es geht mit Generalisierungsübungen beginnen, damit sich Ihr Hund nicht zu stark an eine Raumposition oder an eine spezielle Körperhaltung beziehungsweise Raumausrichtung von

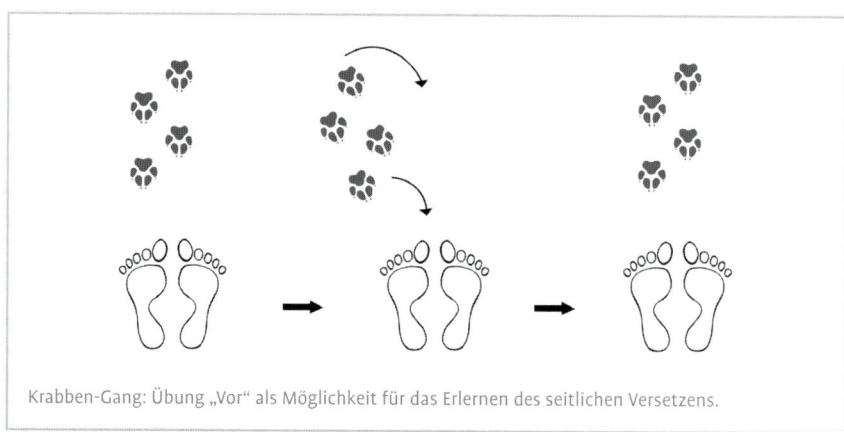

Krabben-Gang: Übung „Vor" als Möglichkeit für das Erlernen des seitlichen Versetzens.

Ihnen gewöhnt. Geben Sie ihm je nach Trainingsstand aber stets die Hilfen, die zur perfekten Ausführung der Übung erforderlich sind, bevor Sie sie nach und nach abbauen.

Das seitliche Versetzen ist eine Bewegung, die der Hund in verschiedenen Raumpositionen und Richtungen zeigen kann. Andere Trainingsvarianten finden Sie auch auf Seite 37 beschrieben, weitere Möglichkeiten sind der Grafik links zu entnehmen.

Indianer-Gang

In der Übung „Indianer-Gang" oder „Kriechen" soll der Hund über den Boden robben und hierbei mit dem Rücken möglichst tief bleiben.

Das „Kriechen" kann man über ganz verschiedene Wege aufbauen. Wenn schon eine Tanz-Idee besteht, kann man den Übungsaufbau gegebenenfalls daran angleichen. Besonders leicht fällt es den meisten Hunden, wenn sie zunächst lernen, unter etwas hindurchzukriechen. Denn zwangsläufig müssen sie dann die gewünschte Körperhaltung einnehmen. Wenn man als Hilfsmittel eine Hürde, einen flachen Tisch, eine kleine Bank oder Ähnliches nehmen möchte, muss das Hilfsmittel passend auf die Hundegröße abgestimmt sein. Die untere Kante des Hilfsmittels sollte so niedrig sein, dass der Hund wirklich kriechen muss, um darunter hindurchzutauchen, aber hoch genug, dass er bei einem schönen Bewegungsfluss in der Kriechstellung nicht mit dem Rücken an dem Hilfsmittel anstößt. Dies kann nämlich nicht nur unangenehm sein, sondern birgt auch die Gefahr, dass der Hund eine zu enge Verknüpfung mit dem Hilfsmittel herstellt.

Sinnvoll ist es, den Hund in dieser Übung aus der Platz-Position heraus

Aha!

Achtung Hundegesundheit

Diese Übung ist nicht für Hunde mit Problemen in den Hüft- oder Kniegelenken geeignet. Auch Schulter- und Ellbogengelenke werden bei dieser Übung durch die ungewohnte Haltung mehr als üblich beansprucht.

starten zu lassen. Vermeiden Sie es aber, ihm „Platz" als Kommando anzusagen, denn unter diesem Kommando soll er sich nicht von dem angewiesenen Ort wegbewegen. Bringen Sie ihn lieber spielerisch, beispielsweise über Locken mit Futter direkt vor Ihrem Hilfsmittel in die Liegeposition. Um zu erreichen, dass der Hund nun unter dem Hilfsmittel hindurchkriecht, kann man

Das Kriechen ohne direkte Nähe zum Menschen können Sie über einen Nasen-Target gut aufbauen und generalisieren.

Tipp

Schwierigkeitsgrad

Für geübte „freie Former" ist es nicht erforderlich, den Hund vorher in die Liegeposition zu bringen. Das Vor-dem-Hilfsmittel-Liegen kann ebenfalls Inhalt des freien Formens sein.

im ersten Durchgang locken oder die Übung von Anfang an frei formen.

Auch ohne Hilfsmittel kann die Übung über Locken am Boden (mit Futter oder Spielzeug) oder frei geformt aufgebaut werden. Der Clicker kann jeweils in die Lockvariante eingebunden werden. Clicken Sie, wenn der Hund robbende Vorwärtsbewegungen zeigt. Achten Sie auf eine möglichst tiefe Haltung des Hundes. Dehnen Sie die Strecke, die Ihr Hund kriechend zurücklegen soll, auf ein paar Meter aus, bevor Sie die Übung auf Kommando setzen. Je nach Bewegungstalent des Hundes kann er das Kriechen auch in der Rückwärtsbewegung zeigen. Der Übungsaufbau entspricht dem des Vorwärtskriechens. Bei manchen Hunden ist es einen Versuch wert, über das „Zurück"-Kommando die Übung zu starten, wenn der Hund gerade liegt. Kleinste Bewegungen in Richtung Rückwärtskriechen werden dann sofort über den Clicker bestätigt. Da es ein völlig anderer Bewegungsablauf ist, sollte für das Rückwärtskriechen später aber ein eigenes Kommando eingeführt werden.

Varianten für einen möglichen Tanz sind beispielsweise, sich „heimlich" an- oder wegzuschleichen. Dies wirkt im Tanz besonders nett, wenn man selbst gerade nicht zum Hund hinsieht. Auch zusammen mit dem Hund zu kriechen ist eine mögliche Übung. Wenn man

neben dem Hund mitrobbt, ist man frei von Zwängen. Je nach Hundegröße kann man sonst aber auch einen kleinen Hund unter der eigenen Brust nach vorne kriechen lassen oder, bei einem Größeren, indem man sich selbst auf allen Vieren bewegt. Um diese Tanzvarianten zu etablieren, sind Generalisierungsübungen nötig.

Aufrecht gehen

Als Tanzelement sieht das Aufrechtgehen vor allem bei kleinen Hunden, die auch körperlich weniger Probleme damit haben, immer sehr schön aus. Je nach Vorlieben kann man hierbei drei Varianten trainieren: Die Pfoten können in die Höhe gestreckt, wie bei einem Häschen abgewinkelt vor dem Körper

Aha!

Achtung Hundegesundheit

Für diese Übung sind eine gesunde Hüfte und eine gute Muskulatur des Rückens und der Hinterhand erforderlich. Vermeiden Sie diese Übung mit Hunden, die mit der Hüfte oder im Lendenwirbelbereich Probleme haben. Bedenken Sie, dass ein großer Hund mehr wiegt und demnach auch mehr Gewicht von der Muskulatur getragen werden muss. Da diese Übung für den Hund körperlich anstrengend ist, sollte sie zunächst nicht zu oft (maximal fünf Mal hintereinander) trainiert werden, denn die Muskulatur muss zunächst für diese Übung in kleinen Schritten vorbereitet werden.

gehalten oder am Menschen oder einem Objekt abgestützt werden.

Normalerweise bereitet es keine Schwierigkeiten, die Übung mit einem gesunden Hund aufzubauen. Als Trainingsmethoden für den ersten Lernschritt eignen sich wahlweise das Locken oder aber ein Pfoten- oder Nasen-Target. Insbesondere, wenn der Hund eine der beiden Target-Varianten schon auf Kommando kennt, ist die Übung aufrecht zu stehen beziehungsweise zu gehen leicht zu verknüpfen. Feilen Sie mit Hilfe des Targets daran, dem Hund eine bestimmte Richtung vorzugeben, in die er aufrecht laufen soll. Halten Sie die Wegstrecke zunächst kurz, um den Hund nicht zu überfordern. Das aufrechte Gehen kann der Hund aus jeder Position heraus – also vor, hinter oder neben Ihnen – vorwärts oder rückwärts zeigen. Auch bei der abgestützten Variante haben Sie individuellen Spielraum. Der Hund kann sich an Ihrer Vorderseite oder an Ihrem Rücken abstützen und Sie können vorwärts oder rückwärts mit ihm gemeinsam gehen. Überlegen Sie vor dem Trainingsstart im Detail, was Sie als Ziel anstreben und arbeiten Sie schrittweise darauf zu. Setzen Sie die Übung auf Kommando, wenn Ihr Hund verstanden hat, was Sie konkret von ihm möchten. Schließen Sie gegebenenfalls ein Generalisierungstraining an, wenn Sie für zukünftige Tänze auch andere Varianten umsetzen möchten.

Neben dem Gehen in aufrechter Position sind auch Drehungen auf den Hinterläufen eine beliebtes Tanzelement. Dies ist fast schon so etwas wie der Klassiker des Hundetanzes und wurde früher häufig in Zirkusvorführungen mit den Hunden gezeigt. Der Aufbau der „Tanzen"-Übung (auf den

Hinterläufen stehend eine Drehung vollführen) ist einfach, wenn man mit einem Target oder Lockmittel arbeitet und mit diesem Hilfsmittel möglichst langsam einen Kreis in der Luft über dem Hundekopf beschreibt. Achten Sie darauf, dass der Hund nicht springt, wenn Sie ein Lockmittel einsetzen. Stellen Sie gegebenenfalls das Lockmittel um, wenn Sie merken, dass Sie den Hund zu sehr damit animieren, denn bei hoher Erregungslage ist die Konzentrationsfähigkeit eingeschränkt.

Figuren

Leicht zu erlernende Figuren sind Drehungen und die Umrunden-Übung. Beide Figuren können in vielen verschiedenen Variationen als Tanzelemente eingesetzt werden.

Bei der Drehung braucht ein Hund mit langem Rücken genug Platz.

Drehungen

Drehungen sind im Dogdance ein beliebtes Tanzelement. Je nach Temperament des Hundes können die Drehungen eng oder weit und langsam oder schnell ausgeführt werden. Die Grundübung der Drehung ist eine Wendung, bei der sich der Hund 360 Grad um sich selbst dreht – wahlweise nach rechts oder links. Der Übungsaufbau ist einfach. Locken Sie den Hund mit einem Futterstück oder mit einem Nasen-Target in die Drehung. Entscheiden Sie sich anfänglich für eine Richtung. Je nach Leistungsanspruch können Sie schrittweise die Schwierigkeit der Aufgabe erhöhen, indem Sie Lockmittel, Target-Objekt und gegebenenfalls auch ein Sichtzeichen abbauen und die Übung auf ein Sprachkommando trainieren. Nehmen Sie dann die andere Richtung in Angriff. Da der Bewegungsablauf beim Drehen nach rechts ein anderer ist als der nach links, sind zwei unterschiedliche Kommandos erforderlich, um den Hund später im Tanz gut anleiten zu können. Aus dieser Grundübung kann man durch ein spezielles Generalisierungstraining Drehungen vorne, Drehungen seitlich oder Übungskombinationen mit Drehungen ableiten.

Umrunden

Das Umrunden des Hundeführers kann der Hund in vier Richtungen zeigen. Er kann vorwärts nach rechts oder links um Ihre Beine herum laufen oder Sie jeweils in beide Richtungen rückwärts umrunden. Entscheiden Sie sich zu Beginn für eine Richtung und arbeiten Sie solange an der Übung, bis sie auf Signal gesetzt werden kann. Widmen Sie sich erst dann dem Training einer der anderen Richtungen. Auf diese Weise erleichtern Sie Ihrem Hund das Lernen.

Beispielhaft für das Vorwärts-Umrunden sei hier ein möglicher Trainingsaufbau für das Umrunden von links nach rechts beschrieben. Der Hund startet aus der linken Grundposition. Locken Sie ihn mit einem Leckerchen einmal komplett um Ihre Beine herum. Auch hier kann alternativ zum Locken mit Futter die Nasen-Target-Übung Anwendung finden. Wiederholen Sie dies ein paar Mal und gehen Sie im Falle eines Lockstarts schnell dazu über, das Lockmittel nicht mehr direkt an die Nase des Hundes zu halten, sondern umschreiben Sie nur noch die Bewegung. Belohnen Sie Ihren Hund in

Drehung seitlich nach links aus der Grundstellung.

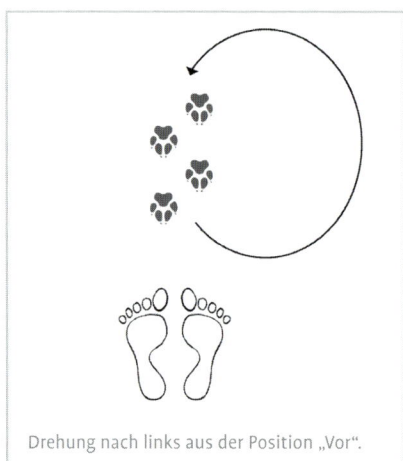

Drehung nach links aus der Position „Vor".

Auch beim Vorwärts-Umrunden macht es sich bezahlt, wenn ...

...der Hund die Hilfsübung „Nasen-Target" beherrscht.

dieser Übung stets, wenn er eine volle Runde geschafft hat und wieder in der Grundposition gelandet ist. Wenn auch dies keine Schwierigkeit mehr darstellt, bauen Sie die Hilfestellung weiter ab: Umschreiben Sie die Bewegung als Zwischenschritt noch mit Ihrer Hand, aber ohne ein Lockmittel zu benutzen. Setzen Sie den Clicker in einem Moment ein, in dem der Hund in einer flüssigen Bewegung um Sie herum läuft. Das Belohnungshäppchen kann er dann nach der vollendeten Runde in der Grundposition an Ihrer Seite bekommen. Führen Sie nun ein Sprachkommando ein und bauen Sie gleichzeitig die Handbewegung als Sichtzeichen ab, wenn Sie die Übung später ohne Sichtzeichen abrufen möchten.

Tanzvarianten aus dieser Übung können sein: Der Hund läuft eine oder mehrere Runden um Sie herum während Sie stehen. Sie können sich auch mit dem Hund in die gleiche Richtung oder in die gegenläufige Richtung drehen. Letzteres sieht meist schöner aus. Je nach Spaß an eigenen Tanzbewegungen kann man diese Übung publikumswirksam

Vorwärts-Umrunden mit Bewegung des Menschen.

unterstreichen, wenn man beispielsweise die Arme tänzerisch hochhebt. Auch
mit Accessoires, die in den Tanz eingebunden werden, kann diese Übung sehr
ansprechend aussehen. Wenn Ihr Hund
apportierfreudig ist, kann er Sie beim
Umrunden beispielsweise mit einem
langen Schal oder einem Band ein- oder
auswickeln.

Das Rückwärts-Umrunden ist vom
Übungsaufbau her gesehen anspruchsvoller. Lassen Sie auch hier Ihren Hund
aus der Grundposition starten. Egal,
ob diese Übung mit oder ohne Clicker
ausgearbeitet werden soll: Zu Beginn
ist es für den Hund oftmals einfacher,
wenn man um sich herum eine enge
Begrenzung baut. Das können Stühle
oder andere Gegenstände sein, die gerade zur Hand sind. Versuchen Sie über
Locken mit Futter zu erreichen, dass
sich Ihr Hund rückwärts einen Schritt
nach hinten bewegt, während Sie selbst
stehen bleiben. Halten Sie hierbei das
Lockmittel weit nach außen und führen
Sie es dann schräg nach hinten. Clicken
Sie sofort, wenn Sie den Bewegungs-
ansatz Ihres Hundes erkennen können.

Rückwärts-Umrunden aus der rechten
Grundposition.

Achten Sie als nächstes darauf, eine
leichte Eindrehbewegung der Hinterhand in Richtung Ihres Körpers zu
erreichen. Dies machen viele Hunde
spontan, wenn sie merken, dass sie
beim geraden Rückwärtslaufen an die
Barriere anstoßen würden. Belohnen
Sie das Eindrehen der Hinterhand sofort
mit einem Jackpot und unterbrechen
Sie die Übung kurzfristig. Versuchen Sie
dann im nächsten Durchgang schnell
wieder an diesem Punkt anzuknüp-
fen. Verlangen Sie in kleinen Schritten
immer mehr Wegstrecke um Sie herum,
bis Ihr Hund schließlich rückwärts einmal ganz um Sie herum gegangen ist.
Bei der Erarbeitung dieser Übung belohnen Sie den Hund möglichst immer

Das Rückwärts-Umrunden gelingt leicht, wenn der
Hund engen Kontakt hält.

in der erwünschten, gerade erreichten Position. Das gilt auch für Clicker-Teams! Vermeiden Sie, dass der Vierbeiner nach vorne läuft, um sich sein Leckerchen bei Ihnen abzuholen. Dieses Vorgehen ist keine strenge Clicker-Regel, denn grundsätzlich gilt: Das mit dem Click markierte Verhaltensdetail ist vorbei. Dennoch führt es in aller Regel zu einem schnelleren Lernerfolg, da der Übungsfluss konstanter gehalten werden kann und zusätzliche Bewegungen in eine ungewünschte Richtung nach dem Click vermieden werden.

Wenn Ihr Hund den Bewegungsablauf schon recht flüssig zeigen kann, gilt es, die Hilfsmittel abzubauen. Stellen Sie, wenn Sie eine Barriere benutzt haben, die Gegenstände zunächst in einem etwas weiteren Bogen ab. Sollte dies zu einer schlechteren Leistung führen, verändern Sie den Abstand zur Barriere zunächst nur an einer Stelle. Bauen Sie die Leistung mit dieser Umstellung zunächst wieder sicher auf und erst danach mehr Hilfen ab, bis Sie schließlich ganz ohne auskommen. Setzen Sie die Übung dann auf Kommando.

Auch diese Figur kann von menschlicher Seite her tänzerisch unterstri-

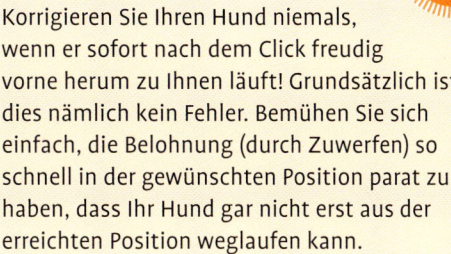

Schnelligkeit

Korrigieren Sie Ihren Hund niemals, wenn er sofort nach dem Click freudig vorne herum zu Ihnen läuft! Grundsätzlich ist dies nämlich kein Fehler. Bemühen Sie sich einfach, die Belohnung (durch Zuwerfen) so schnell in der gewünschten Position parat zu haben, dass Ihr Hund gar nicht erst aus der erreichten Position weglaufen kann.

chen werden. Während der Hund sein Tanzelement zeigt, kann der Mensch verschiedene Körperhaltungen einnehmen. Vielleicht entdecken Sie in Ihrer Musik eine Passage, die zu dieser Figur besonders gut passt.

Für die vier unterschiedlichen Richtungen beim Umrunden müssen vier unterschiedliche Kommandos benutzt werden, denn der Hund lernt hier einen Bewegungsablauf und ein Raumbild.

Das Umrunden muss nicht auf den menschlichen Tanzpartner beschränkt bleiben. Der Hund kann auch Objekte umrunden. Wenn die Bühne groß genug ist, kann man auf diese Weise auch leicht eine Distanz-Übung einbinden.

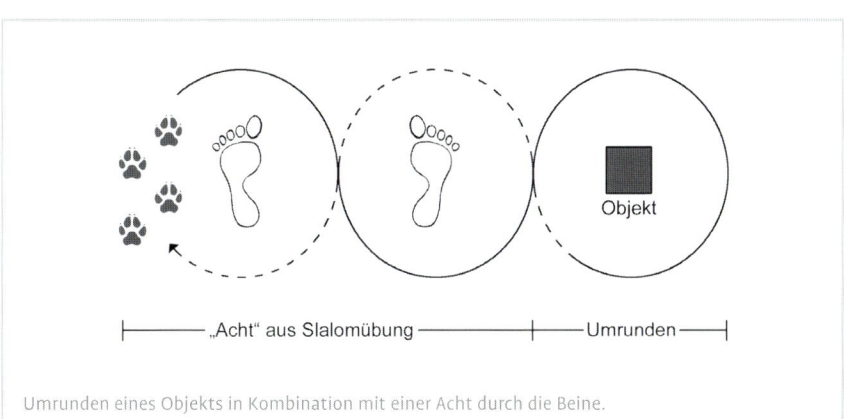

Umrunden eines Objekts in Kombination mit einer Acht durch die Beine.

Machen Sie den Hund stets zunächst mit dem Trainingsobjekt – hier für das Umrunden – vertraut.

Stellen Sie sich dicht vor das zu umrundende Objekt. Lassen Sie den Hund aus der seitlichen Grundstellung starten, indem Sie ihn mit der ihm näher gelegenen Hand die Richtung zum Objekt anweisen oder ihn dort hinlocken. Mit der anderen Hand fangen Sie ihn hinter dem Objekt ab und locken ihn bis zu sich heran. Jetzt bekommt er eine Belohnung. Wenn Sie möchten, dass der Hund die Übung immer auf eine ganz spezielle Art und Weise beendet, sich beispielsweise in der

Grundstellung einfindet, sollte diese Handlung direkt im Anschluss verlangt und wiederum belohnt werden. Später gibt es die Belohnung erst, wenn der Hund nach dem Umrunden jeweils die Endposition gezeigt hat. Wenn Ihr Hund auf den Clicker konditioniert ist, können Sie die Übung auch frei formen oder ihn gewinnbringend als Belohnungsindikator einsetzen. Clicken Sie in diesem Fall, wenn Ihr Hund etwa zwei Drittel der Wegstrecke um das angezeigte Objekt herum gelaufen ist und belohnen Sie ihn wie gehabt bei sich oder nach seiner Endhandlung. Wenn Sie merken, dass Ihr Hund einen immer flüssigeren Bewegungsablauf zeigt, sollten schrittweise die Zeige-Hilfen abgebaut werden. Verändern Sie die Distanz zu dem Objekt erst, wenn Ihr Hund auch ohne Ihre Hilfe problemlos das Objekt umrunden kann. Gehen Sie hierbei ebenfalls in kleinen Schritten vor. Setzen Sie die Übung am Schluss auf Signal. Wenn Sie möchten, kann die Übung dann in Bezug auf unterschiedliche Dinge, die umrundet werden sollen, generalisiert werden.

Für das Umrunden von Gegenständen gilt: Auch dies kann der Hund natürlich im Rückwärtsgang lernen. Der Übungsaufbau setzt sich dann aus der Übung „Zurück" und dem neu erlernten Rückwärts-Umrunden-Anteil zusammen.

Üben Sie auch das Umrunden von Gegenständen zunächst nur in eine Richtung. Wenn es Ihr Ziel ist, dem Hund das Umrunden in beide Richtungen beizubringen, sollte die erste Richtung schon auf Signal abrufbar sein, bevor die neue Richtung gelernt wird. Dies führt beim Hund zu einer saubereren Signalverknüpfung.

Bedenken Sie, dass aufgrund des räumlichen Musters für „Objekt um-

Tipp

Eigenarten

Vermeiden Sie es, einen jungen Hütehund zum Spaß um Menschen oder andere Lebewesen herumzuschicken. Zu schnell kann es zu unerwünschten Verknüpfungen kommen und sich ein „Hüte-Spleen" durch unsauberes Training entwickeln.

runden" ein eigenständiges Kommando eingeführt werden muss. Es kann nicht auf das Umrunden-Kommando, das der Hund vielleicht schon aus der Übung „Umrunden des Hundeführers" kennt, zurückgegriffen werden, denn die Bedeutung dieses Kommandos ist ja: Umrunde deinen Tanzpartner. Dies ist hier nicht gefordert.

Über die Übung „Umrunden von Objekten" können Sie Ihren Hund im Rahmen eines Tanzes schöne Raumfiguren laufen lassen. Große Achterschlaufen, bei denen der Hund zwei weit auseinanderliegende Objekte in zwei unterschiedlichen Richtungen umrundet, ist eine ansprechende Variante. Über die Grundübung des Umrundens kann dem Hund vermittelt werden, mit Abstand zu Ihnen einen großen Außenkreis zu laufen, während Sie sich im zentralen Bereich der Bühne aufhalten. Anfangs ist es sinnvoll, Bodenmarkierungen in einem immer größer werdenden Kreis aufzustellen und dem Hund damit zu vermitteln, dass er nach und nach alle Markierungen in einem einzigen weiten Bogen umrunden soll.

Große Sprünge machen

Sprungelemente sind bei vielen Dogdancern und auch beim Publikum beliebt. Es gibt unzählige Varianten. Beginnen Sie das Training mit einem einfachen niedrigen Sprung. Überlegen Sie sich vorher, ob der Hund den Sprung über ein Objekt, über Ihr Bein oder über Ihren Arm zeigen soll. Feinheiten können im Verlauf des Trainings natürlich noch ausgearbeitet werden.

Standardsprünge
Halten Sie Ihrem Hund die jeweilige „Hürde" so niedrig über den Boden,

Aha!

Achtung Hundegesundheit

Achten Sie beim Training strikt darauf, den Hund körperlich nicht zu überfordern. Wenn Ihr Hund Gelenkprobleme hat, sollten Sie auf das Springen verzichten. Auch bei gesunden Hunden vermeiden Sie Ihrem Vierbeiner zuliebe sehr hohe und sehr steile Sprünge. Begutachten Sie den Untergrund, auf dem der Tanz später stattfinden soll. Glatte Flächen sind allgemein ungeeignet. Besonders kritisch wird es, wenn der Hund nach einem Sprung einen Richtungswechsel ausführen soll – ein Ausrutschen ist dann vorprogrammiert!

dass er keinerlei Probleme oder Scheu zeigt, einen kleinen Sprung zu tun. Das Locken ist zu diesem Zeitpunkt durchaus sinnvoll. Wiederholen Sie diese Übung, bis Ihr Hund sicher weiß, was zu tun ist und Sie den kleinen Hüpfer mit einem entsprechenden Signal abrufen können. Steigern Sie erst jetzt die Höhe der Hürde.

Aus einem Sprung über den Arm kann man leicht einen Sprung durch einen geschlossenen Armreifen ableiten. Der Sprung über ein Bein lässt sich leicht zu einem Sprung über ein Knie (wobei der Mensch hockt) ableiten. Der Sprung über einen Balken kann zu einem Sprung durch einen Reifen werden. Wenn Sie im Tanz einen Sprung über ein Objekt zeigen wollen, sollte das Accessoire einen für den Zuschauer erkennbaren Bezug zur Musik aufweisen.

Tipp

Veränderungen

Denken Sie daran, bei jeder Veränderung der Situation zunächst wieder Qualitätsleckerchen einzusetzen, um dem Hund zu zeigen, dass er absolut auf dem richtigen Weg ist. Dies gilt auch für räumliche beziehungsweise optische Veränderungen der jeweiligen Hürde oder wenn neue Varianten trainiert werden.

Es entspricht einer guten „Hundehöflichkeit", wenn der Hund versucht, Ihnen körperlich beim Sprung nicht zu nahe zu kommen. Hieraus resultieren allerdings einige ungewünschte „Flugbahnen": Im Tanz sieht es nämlich nicht so hübsch aus, wenn der Hund eher an der Körperhürde vorbei als über sie drüber springt. Wenn dies auf Ihren Hund zutrifft, sollten Sie sich zunächst freuen, wie höflich Ihr Hund mit Ihnen umgeht! Ein Ausschlusskriterium für das Tanzelement muss seine Höflichkeit aber nicht darstellen. Ihr Trainingsansatz sollte bloß dieser Eigenart Rechnung tragen. Hinterfragen Sie zunächst kritisch, ob möglicherweise körpersprachliche Drohelemente dem Hund diese Übung schwer machen. Sollte dies der Fall sein, überlegen Sie, ob diese vermeidbar sind. Falls das nicht der Fall ist, muss diesen unvermeidlichen Drohgebärden der negative Aspekt genommen werden. Dafür werden diese Gesten zunächst unabhängig vom Sprungtraining schrittweise, das heißt von der schwächsten Stufe bis zur endgültigen Version steigernd, an die Lieblingsbelohnung gekoppelt. Unterteilen Sie im Sprungtraining die Übung in noch kleinere Schritte. Setzen Sie gegebenenfalls eine weitere, möglichst wenig bedrohlich wirkende Absperrung ein, an die Sie sich beliebig dicht annähern können. Setzen Sie ganz bewusst Akzente über die Belohnung! Bestätigen Sie jeden Sprung mit einer Belohnung, damit Ihr Hund das Training insgesamt als etwas sehr Positives wahrnimmt. Wenn Ihr Hund gerne bereit ist, den Sprung zu zeigen, setzen Sie besonders leckere Dinge ein. Sollte er sogar nah bei Ihnen gesprungen sein, geizen Sie nicht mit einer Jackpot-Belohnung! Gönnen Sie ihm nach solch einem Durchbruch eine kurze Verschnaufpause, beispielsweise, indem Sie mit ihm gemeinsam einen kurzen ruhigen Schnüffelgang unternehmen.

Bei Vorführungen ist neben dem Problem des Vorbeispringens an den „Hürden" auch häufig zu sehen, dass viele Hunde beim Sprung den Menschen angucken statt in Sprungrichtung zu

Ein toller Sprung durch die angewinkelte Beingrätsche.

schauen. Hierdurch steigt das Verletzungsrisiko, denn durch die „blinde" und oft schräge Landung werden die Gelenke unnötig stark beansprucht. Ein optimales Abfedern des Schwunges ist nicht möglich. Meist entsteht solch ein Fehler, weil der Hund im Training die Belohnung stets vom Menschen bekommen oder dieser für längere Zeit mit einem in der Hand gehaltenen Lockmittel gearbeitet hat. Versuchen Sie dies zu vermeiden. Wenn Sie die Belohnung gleichfalls als Lockmittel einsetzen, legen Sie sie dem Hund, je nach Hundegröße und nötigem Schwung für den Sprung, in etwa ein bis drei Meter Entfernung auf den Boden. Auf diese Weise gewöhnt sich Ihr Hund einen geraderen Sprung an und landet gelenkschonend.

Vor allem bei einem älteren Hund oder schwereren Tieren sollten Sie versuchen, den Sprung so im Tanz einzubinden, dass der Hund von der Sprungrichtung und natürlich vom Untergrund her keine Probleme mit dem Landungsschwung bekommt. Ideal ist es, wenn nach einem Sprung beispielsweise ein Distanz-Element eingebunden wird. Dann kann der Hund seinen Schwung beim Landen gleich nutzen, um die erforderliche Distanz zur nächsten Übung aufzubauen.

Für den Sprung über den Arm dient hier ein Zaun als Hilfsmittel.

Sprung-Varianten können sein:
> Sprung über ein abgewinkeltes Bein hinten,
> Sprung über ein Bein vorne
> Sprung über ein Knie (Hocke)
> Sprung über ein angezogenes Bein (oben rechtwinklig)
> Sprung von hinten durch „angewinkelte Beingrätsche"
> Sprung über einen Arm
> Sprung über beide Arme (hin rechts, zurück links)
> Sprung über Armreifen (seitlich, vorne, oben)
> Sprung über den ganzen Körper (Hocke)
> Sprung über den ganzen Körper (seitlich liegend, Hüfte hoch)

Sprung auf den Arm

Neben den Standardsprüngen kann man im Dogdance natürlich auch Elemente zeigen, die etwas außergewöhnlicher sind. Wenn es die Größe und das Gewicht des Hundes zulassen, kann beispielsweise ein Sprung auf den Arm toll aussehen. Am einfachsten ist der Trainingsaufbau, wenn der Hund zunächst lernt, Ihnen auf den Schoß zu springen während Sie sitzen. Da es später beim Sprung auf den Arm leichter ist, den Hund aufzufangen, wenn er nicht direkt auf Sie zu, sondern eher leicht an Ihnen vorbei springt, kann dies schon beim Sprung auf den Schoß geübt werden. Lassen Sie Ihren Hund auf Höhe Ihrer Knie seitlich in dem Abstand warten, den er zum Schwungholen braucht und geben Sie ihm dann ein Startzeichen. Falls erforderlich, können Sie auch ein Lockmittel einsetzen. Vereinfachen Sie die Übung bei kleinen Hunden anfangs durch die Verwendung eines recht niedrigen Hockers. Wenn Ihr Hund Sicherheit in dieser Übung gewonnen hat, können Sie nach und nach den Schwierigkeitsgrad steigern. Am einfachsten erreichen Sie das, indem Sie sich zunächst immer höhere Sitzgelegenheiten suchen. Später benutzen

Ein Sprung durch den Armreifen kann im Tanz als Übergangselement beim Richtungswechsel dienen.

Sie vielleicht nur noch eine Wand oder einen Baum als Stütze für sich selbst, bis Sie den Hund dann schließlich direkt auf Ihren Arm springen lassen können.

Sprung durch einen geschlossenen Reifen

Eine zirkusreife Übung ist der Sprung durch einen geschlossenen Reifen. Diese Übung ist relativ einfach zu trainieren. Bringen Sie Ihrem Hund zunächst den Sprung durch einen Reifen (siehe Seite 63) bei. Wenn er diese Übung beherrscht, kann man dazu übergehen, dem Hund zu vermitteln, dass er durch einen geschlossenen Reifen springen und dabei das Papier oder die Folie zerreißen soll. Hängen Sie zunächst oben am Rand des Reifens einen dünnen Papierstreifen auf und lassen Sie den Hund wie gewohnt durch den Reifen springen. Er soll in den nächsten Trainingsschritten nur daran gewöhnt werden, dass ihm etwas ins Gesicht hängt, wenn er durch den Reifen springt. Solange Ihr Hund die Übung problemlos und fröhlich umsetzt, befestigen Sie immer weitere Streifen, bis die ganze Fläche des Reifens mit Papierstreifen ausgefüllt ist. Lassen Sie nun die Streifen breiter werden, bis die gesamte Fläche beispielsweise durch eine Zeitungsseite verdeckt ist. Nun geht es daran, das Papier zum Reißen zu bringen. Hierzu muss es allseitig an den Reifen geklebt werden. Damit der Hund jetzt nicht die Lust an der Übung verliert, sollten ausreichend viele Zwischenschritte trainiert werden. Fangen Sie also zunächst wieder mit Streifen an. Kleben Sie diese aber nun oben und unten am Reifen fest. Mit den äußeren Streifen beginnend, befestigen Sie diese immer fester und lassen sie immer breiter werden, bis der Reifen schließlich von zwei Papierhälften, die außen am Rand vollständig befestigt sind, ausgefüllt ist. In der Mitte des Reifens bleibt ein Schlitz zwischen den Papierhälften. Belohnen Sie Ihren Hund mit Qualitätsbelohnung, wenn er durch den so präparierten Reifen springt. Sobald er sich seiner Sache ganz sicher ist, können Sie nun zum Feinschliff übergehen. Befestigen Sie ein durchgehendes Papier am Rahmenrand, aber schlitzen Sie das Papier mittig an. Anfangs mehr, später immer weniger. Auf diese Weise hat es eine Art „Sollbruchstelle" und der Hund kann es beim Sprung leichter zerreißen. Je nach Papierfestigkeit ist dies später gar nicht mehr nötig. Abhängig vom musikalischen Thema kann der Sprung durch den geschlossenen Reifen später den Tanz einleiten, die Initialzündung für den Auftritt des Hundes oder die abschließende Übung sein.

Sprung auf den Menschen

Für junge, gesunde und leichtgebaute Hunde gibt es eine Auswahl von Übungen, bei denen der Hund auch auf den Menschen springt, sei es auf den Rücken oder auf die Schulter. Beides erfordert nicht nur Geschick vom Hund, denn er muss gut balancieren, sondern auch vom Menschen, denn er muss sich sehr gut auf seinen Trainingspartner einstellen. Im Training ist es am einfachsten, wenn diese Übung zunächst mit einer Hilfsperson trainiert wird. Unterteilen Sie die Übung gedanklich in Einzelschritte. Überlegen Sie genau, wie das Element später im Tanz aussehen soll. Von wo soll der Hund wohin springen? Wie ist Ihre Position und Körperhaltung? Wenn diese Fragen geklärt sind, versucht man zunächst, die Trainingssituation zu vereinfachen. Kennt Ihr Hund es überhaupt, konzent-

> ### Eigenkontrolle
> **Tipp**
>
> Wenn Sie für eine Aufführung trainieren, sollte die Übung später nicht nur spektakulär sein, sondern auch ansprechend aussehen. Lassen Sie sich einmal filmen und arbeiten Sie dann an Ihrer eigenen Körperhaltung. Manchmal sind es Kleinigkeiten, die eine große Wirkung zeigen (siehe Seite 97).

rierte Balance auf Ihrem Körper zu halten? Üben Sie gegebenenfalls anfangs zunächst nur das. Am einfachsten ist dies ebenfalls wieder mit einer Hilfsperson zu bewerkstelligen, die dann die Belohnungen für den Hund übernimmt. Viele Hunde haben die Tendenz, beschwichtigend an ihrem Menschen herumschnüffeln zu wollen, denn derartige Übungen erscheinen ihnen „unhöflich". Geben Sie Ihrem Hund die Sicherheit, dass er alles richtig macht, sodass er möglichst nicht mit der Nase an Ihnen herumwühlt. Sollte Ihr Hund dennoch diese Angewohnheit haben, muss die Übung noch weiter vereinfacht werden. Vielleicht ist es möglich, zunächst mit einer geringeren Höhe zu arbeiten, indem Sie in die Hocke gehen?

Pfotenwerk: Pfötchen & Co.

Das Pfötchengeben ist in dieser Kategorie die Grundübung. Wenn Ihr Hund die Übung noch nicht kennt, können Sie sie ihm leicht über ein freies Formen oder auch mit Locken beibringen. Für andere Tanzelemente ist es sinnvoll, wenn der Hund auch ein Pfoten-Target kennt. Es lohnt sich also, diesen Lerninhalt als Hilfsübung zu etablieren. Beispiele für Tanzelemente mit einer Pfote sind das Winken, das Abklatschen oder auch

Tipp

Gangart

Beobachten Sie Ihren Hund genau: Einige Hunde laufen in einer bestimmten Schrittgeschwindigkeit automatisch im spanischen Schritt! Nutzen Sie dies, falls es auch bei Ihrem Hund der Fall ist und führen Sie für dieses Gangbild ein Kommando ein. Im Tanz sieht dieser Schritt besonders elegant aus.

die Stierübung. Wenn der Hund das Pfotengeben oder ein Pfoten-Target für beide Vorderpfoten kennt und dies mit unterschiedlichen Kommandos belegt wurde, können auch Übungen wie beispielsweise eine Marionetten-Übung, wechselndes Antippen der Beine oder Knie aus der Vor-Position, der spanische Schritt oder das Laufen mit einem Hüpfer trainiert werden. Die beiden letztgenannten Übungen

Generalisieren Sie die Grundübung „Pfötchengeben", so können Sie sie später leicht in den Tanz einbauen.

gelingen dann besonders gut, wenn sie in der für jeden Hund besten individuellen Schrittgeschwindigkeit verlangt werden. Im Übungsaufbau ist es bei dieser Trainingsmethode einfacher, den Hund beim spanischen Schritt auf sich zugehen zu lassen, später im Tanz kann es auch toll aussehen, wenn der Hund in der Seitposition neben dem Tänzer läuft (siehe auch Seite 34).

Weitere Übungen, bei denen der Hund seine Pfoten einsetzen soll, sind das Schämen oder auch spektakulärere Dinge wie im Sitzen zum Beispiel einen Stock oder einen Schirm mit einer Pfote umklammert zu halten, was ein schönes Endelement eines Tanzes sein kann (siehe Seite 74).

Schämen

Das Schämen kann man leicht durch einen kleinen Trick erreichen. Hierbei verleitet man den Hund das Gewünschte zu tun, um es dann über die entsprechende Belohnung zu verstärken. Als Hilfsmittel sind hierfür selbstklebende Notizzettel sehr gut geeignet. Reißen Sie ein kleines Stück davon ab und kleben sie es dem Hund auf die Augenbraue. Halten Sie den Clicker parat und clicken Sie genau in dem Moment, wenn der Hund sich das Zettelchen mit der Pfote abwischt. Wenn es nicht direkt beim ersten Mal gelingt, experimentieren Sie mit verschiedenen Zettelgrößen und Klebestellen. Der Hund wird seine Pfote nur dann einsetzen, wenn ihm der Zettel ausreichend lästig ist. Gleichzeitig darf ihn diese Manipulation aber auch nicht in Stress versetzen. Beobachten Sie das Ausdrucksverhalten Ihres Hundes gut, um notfalls die Strategie wechseln zu können. Wenn alles gelingt und der Hund schließlich zuverlässig mit der Pfote das Zettelstückchen abwischt, wird die Hilfe abgebaut. Lassen Sie zunächst den Zettel immer kleiner werden und setzen Sie Jackpot-Belohnungen ein, wenn der Hund auf die richtige Idee kommt. Wenn Sie merken, dass er die Übung verstanden hat und er Ihnen das entsprechende Verhalten immer wieder zeigt, ist der Moment gekommen, ein Kommando für die Übung einzuführen. Achten Sie dann darauf, spontan gezeigtes Verhalten nicht weiter zu verstärken. Belohnen Sie Ihren Hund dann nur noch, wenn er die Übung Ihrem Kommando entsprechend umgesetzt hat.

Spielaufforderung, Diener

Über die Grundübung „Diener" können mehrere sehr schöne Tanzelemente aufgebaut werden. Dem Hund diese Übung zu vermitteln ist selten problematisch, vor allem, wenn der Clicker eingesetzt wird. Als Methoden kann man zwischen Stärken von Spontanverhalten, Target-Training oder dem freien Formen wählen. Die beiden erstgenannten Methoden führen meist schneller zu dem gewünschten Ergebnis. Beispielhaft sei hier die Variante über das Target-Training im Übungsaufbau beschrieben. Halten Sie Ihrem Hund, der die Übung „Nasen-Target" schon auf Kommando beherrschen sollte, die Spitze des Target-Objektes so zwischen die Vorderfüße, dass er sich vorne herunterbücken muss. Clicken Sie die Abwärtsbewegung an und lassen Sie den Hund direkt danach zur Abholung eines Leckerchens einen Schritt auf Sie zu laufen. Auf diese Weise minimieren Sie die Wahrscheinlichkeit, dass sich der Hund hinlegt. Variieren Sie ein wenig, um die ideale Position des Targets herauszufinden. Wenn die Target-Spitze

Wenn das Schämen inhaltlich zur Musik passt, haben Sie das Publikum auf ihrer Seite.

von vorne ausreichend weit unter den Hundebauch gehalten wird, zeigen die meisten Hunde schnell die Vorderkörpertiefstellung, die das Ziel dieser Übung ist.

Besonders kleine oder gelenkige Hunde können das Target unter sich berühren, ohne sich mit dem Vorderkörper bücken zu müssen. In diesen Fällen kann die Übung selbstverständlich auch spontan eingefangen, frei geformt oder durch Locken aufgebaut werden.

Wenn der Hund im Training so weit fortgeschritten ist, dass er die Position immer wieder wie gewünscht zeigt, kann die Übung auf Signal gesetzt werden. Setzen Sie das Signal ein, kurz bevor Sie ihm gegebenenfalls noch eine Hilfestellung geben. Bauen Sie dann zeitgleich mit der Signaleinführung in kleinen Schritten die Hilfestellung ab.

Wenn Ihr Hund den Diener nun beherrscht, können Sie Varianten trainie-

Sichtzeichen können relativ unauffällig in den Tanz integriert werden.

ren, zum Beispiel einen Knicks, indem der Hund in der Diener-Position noch einen Vorderfuß nach innen abwinkelt. Auch für die Knicks-Übung ist der Target-Aufbau zu empfehlen, diesmal allerdings mit einem Pfoten-Target als Hilfestellung. Auch die Pfoten-Target-Übung sollte aber zunächst unabhängig von dem Knicks-Training vorab als Basis trainiert werden und auf Signal abrufbar sein. Eine weitere Variante für die Übung ist, sie mit der Übung „Stier" (siehe folgende Übung) zu verbinden.

Stierkampf

Der Hund soll in dieser Übung wie ein Stier mit einer Pfote mehrmals hintereinander am Boden scharren. Dies kann auf verschiedene Weise erreicht werden. Zum Beispiel durch Locken: Legen Sie ein Leckerchen auf den Boden und streuen Sie ein wenig Erde darüber.

Lassen Sie Ihren Hund nun „graben". Clicken beziehungsweise belohnen Sie ihn sofort, wenn er mit einer Pfote an der Erde kratzt. Bauen Sie die restliche Übung nach diesem Lock-Start dann wahlweise frei geformt, mit Hilfe eines Pfoten-Targets oder auch über das Einfangen von Spontanverhalten auf. Entscheiden Sie sich für eine der beiden Vorderpfoten, damit Ihr Hund auch wirklich nur „einhändig" arbeitet und nicht mit beiden Pfoten buddelt.

Tanzvarianten der „Stier"-Übung können Kombinationen zwischen der Übung „Zurück" und „Stier" sein, bei der der Hund zunächst gerade von Ihnen zurückweicht und danach wie ein Stier scharrt. Im Anschluss daran könnte er auf Sie zugelaufen kommen und einen Sprung zeigen oder Sie binden vielleicht zu spanischen Musik-Klängen ein rotes Tuch mit ein, unter dem der Hund hindurch läuft. Auch eine Kombination zwischen der Übung „Diener" und „Stier" sieht toll aus und eignet sich gut als Abschluss für einen Tanz.

Auf der Stelle treten

Ein lustiges Kunststück ist das Auf-der-Stelle-Treten. Hierbei soll der Hund aber nicht nur die Vorderpfoten heben, was man leicht über das Pfotegeben erreichen kann, sondern alle vier Füße benutzen.

Lassen Sie Ihren Hund mit dem Po dicht vor einer Wand, eventuell mit seitlicher Umgrenzung wie bei einer kurzen Gasse stehen und beobachten Sie vor allem seine Hinterpfoten beziehungsweise die Hüfte. Geben Sie ihm eine kleine Hilfe über ein Sichtzeichen, sodass er einen Schritt zurückgehen möchte. Durch die Begrenzung kann ihm das nicht gelingen. Clicken Sie, sobald er eine Hinterpfote hebt und wieder auf den Boden stellt. Wiederholen Sie diese Übung mehrmals hintereinander. Setzen Sie wertvolle Belohnungen ein, damit auf Hundeseite keine Unsicherheit aufkommt und die Motivation für diese Übung ausreichend hoch bleibt. Bauen Sie nach und nach die Begrenzungshilfe ab. Sollte Ihrem Hund die Übung dann schwer fallen, wechseln Sie zunächst das Hilfsmittel und führen Sie ein Target-Objekt ein. Eine Fußmatte oder Ähnliches ist hierfür gut geeignet. Vermitteln Sie Ihrem Hund, dass er mit allen vier Füßen auf dem Target-Objekt bleiben soll. Anfangs kann es sinnvoll sein, die Wandbegrenzung und die Target-Matte gleichzeitig zu benutzen. Vergrößern Sie dann nach und nach immer mehr den Abstand zwischen dem neuen Hilfsmittel und der Begrenzung. Bauen Sie zum Schluss auch die Target-Matte als Hilfsmittel ab und setzen Sie die Übung auf Kommando.

Mit einem schwarzen Hund wirkt der Stierkampf besonders gut.

Tipp

Hilfsmittel

Der Einsatz einer Target-Matte oder eines Brettes kann auch für andere Übungen ein sinnvolles Hilfsmittel sein, beispielsweise wenn der Hund rückwärts durch die Beine seines Tanzpartners laufen soll (siehe Seite 40).

Peng!

Die seitliche Liegeposition kann ein schönes Tanzelement zum Abschluss oder in einem Moment des Tanzes sein, in dem eine Pause gefordert ist. Überlegen Sie sich vor dem Trainingsstart, auf welche Seite sich Ihr Hund legen soll. Da der Bewegungsablauf unterschiedlich ist, muss, wenn beide Seiten trainiert werden sollen, mit zwei verschiedenen Kommandos gearbeitet werden. Lassen Sie den Hund zunächst aus der Liegeposition starten und warten Sie auf einen Moment, in dem Ihr Hund ein Hinterbein bequem unter den Körper geschlagen hat. Er kann sich dann gut auf diese Seite fallen lassen. Aus der klassischen Platz-Position (Sphinx) ist ein seitliches Umfallen nur schwer möglich, denn die Beinstellung bremst einen flüssigen Bewegungsablauf. Entscheiden Sie, welche Trainingsmethode für Ihren Hund in Frage kommt. Ein Trainingsstart mit Locken ist für viele Hunde ein leichter Einstieg. Das seitliche Liegen kann aber auch frei geformt oder als Spontanverhalten gestärkt werden, wenn Ihr Hund sowieso häufig und gerne so liegt. Belohnen Sie ihn anfangs für die Umfall-Bewegung und schließen Sie eine oder mehrere Belohnungen für ruhiges Liegen auf der Seite an. So lernt Ihr Hund gleich, dass die „Peng"-

Position eine Ruheposition ist. Lösen Sie dann die Übung auf und starten Sie gegebenenfalls noch einmal neu.

Rollmöpse

Aus der „Peng"-Position kann man auch eine ganze Rolle erarbeiten. Die Rolle fällt Hunden umso leichter, je weniger eindringlich ihnen das Ruhehalten in der seitlichen Liegeposition einge-schärft wurde. Locken Sie Ihren Hund aus dieser Liegeposition mit einem wertvollen Lockmittel in die Rückenlage und möglichst direkt mit Schwung auf die andere Seite. Sollte sich Ihr Hund schwer tun, können auch Einzelschritte mit dem Clicker verstärkt werden, um ihm zu vermitteln, dass er auf dem richtigen Weg ist. Bauen Sie Ihre Hilfe-stellung ab und führen Sie ein Signal für die Übung ein, wenn Ihr Hund den Bewegungsablauf flüssig zeigt. Im Tanz können später Variationen eingeführt

werden, indem der Hund unter ihren ge-grätschten Beinen eine Rolle macht und neben Ihnen landet, wenn Sie gleich-zeitig seitlich das Bein heben, um ihm Platz zu geben oder er kann sich Ihnen rollend nähern oder Ähnliches.

Grenzenlose Kreativität: außergewöhnliche Übungen

Über das freie Formen kann grundsätz-lich jede nur erdenkliche Handlung trai-niert werden. Hierfür ist jedoch einiges an Geschick erforderlich. Außergewöhn-liche Übungen können aber auch aus alltäglichen Dingen aufgebaut werden. Fast jeder Hund hat Eigenarten, die man mittels Clicker spontan stärken kann, um sie dann so oder in verfeinerter Form in einen Tanz einarbeiten zu kön-nen. Sollte man den Clicker gerade nicht zu Hand haben, kann die Handlung oder vielleicht auch nur die Tendenz dazu auch mit der Stimme angelobt werden.

Achtung: Die „Rolle" ist nicht für jeden Hund geeignet!

Aha!

Achtung Hundegesundheit

Die „Rolle" ist nicht für jeden Hund geeignet. Theoretisch erhöht man über diese Bewegung die Gefahr einer Magendrehung. Für einen Hund, der größen- be-ziehungsweise rassebedingt ein erhöhtes Risiko dafür in sich trägt oder generell für einen Hund mit vollem Magen kommt diese Übung also nicht in Betracht! Achten Sie darüber hinaus auf den Untergrund: Harter und un-ebener Boden macht dem Hund die Übung eher zur Last. Dies gilt vor allem für schwere Hunde.

Das Stimmlob ist jedoch in punkto Präzision dem Clicker deutlich unterlegen.

Kunststückchen, die auf diese Art und Weise trainiert werden können, sind beispielsweise das Kratzen, das Schütteln oder auch ein Handstand. Die beiden erstgenannten eignen sich am besten für die Trainingsmethode mittels spontanem Stärken, wohingegen der Handstand frei geformt oder als Hinterpfoten-Target-Übung aufgebaut werden muss – es sei denn, Ihr Hund gehört zu den Exemplaren, die bei der Versäuberung von selbst in den Handstand gehen. Bei individuelleren Eigenarten sind die Möglichkeiten endlos. Beobachten Sie Ihren Hund genau. Vielleicht lohnt es sich sogar, eine Musik anhand eines spektakulären Kunststücks auszuwählen?

Wenn es zur Musik passt, sind Ihnen beim Kratzen auf Signal im Tanz die Lacher des Publikums sicher.

Tanzen mit Accessoires

In einen Tanz mit dem Hund können ganz verschiedene Accessoires eingebaut werden. Manchmal unterstreichen sie einfach nur thematisch das Musikstück und dienen sozusagen als Kostüm. In den meisten Fällen aber werden sie benutzt, um sie in bestimmte Übungen mit dem Hund einzubinden. Auch versteckte Belohnungen können über den Einsatz eines Hilfsmittels im Tanz eingebaut werden, wenn der Hund beispielsweise ein Accessoire „stehlen" und dann an ihm zerren darf oder Ähnliches (siehe Seite 82). Häufig benutzte Accessoires sind Schirme, Stöcke, Halstücher, Kappen, Hüte oder Mützen. Aber auch Koffer, Taschentücher, Kisten oder Stühle können Anwendung finden. Der Fantasie sind hier keinerlei Grenzen gesetzt. Jeder beliebige Gegenstand kann, wenn er gut in den Tanz passt, als Accessoire benutzt werden.

Hervorlugen

Eine beliebte Übung mit Accessoire ist die Hervorlugen-Übung. Hierbei soll der Hund mit seinem Körper hinter einem größeren Objekt verborgen sein und dann nur mit dem Kopf um die Ecke lugen. Diese Übung kann leicht mit einem Blick-Target trainiert werden. Wichtig ist bei solch einem Tanzelement natürlich auch, dass es thematisch gut zum Lied passt. Ein wenig flexibler ist man mit einer abgewandelten Form der Übung: Der Hund steht mit den Pfoten an einem quer gehaltenen Stock oder Schirm und schaut dann mit dem Kopf unter dem Stock hindurch. Diese Übung kann man entweder einander zugewandt machen oder der Hund startet aus der Position „Mitte". Im Training ist für viele Hunde der schnellste Weg zum Erfolg gegeben, wenn man ihnen die jeweilige Bewegung ein paar Mal mit Locken vorgibt und sie dann selbst ausprobieren lässt, was zu tun ist. Über den Clicker kann man kleinste Verbesserungen gut markieren und über qualitativ gestaffelte Belohnungen dem Hund vermitteln, was gewünscht ist.

Gehstock festhalten

Der Hund soll in dieser Übung aus der „Sitz"-Position heraus mit einer Vorderpfote einen Gehstock, einen Schirm oder einen anderen passenden Gegenstand umschlingen und so festhalten.

Lassen Sie Ihren Hund „Sitz" machen. Stellen Sie einen Gehstock so nah vor Ihren Hund, dass er ihn mühelos mit der Pfote umgreifen könnte. Verlangen Sie nun das Pfotengeben. Halten Sie anfangs gegebenenfalls Ihre Hand oder ein Pfoten-Target-Objekt als Pfotengebe-Ziel so vor den Hund, dass die Wahrscheinlichkeit groß ist, dass Ihr Hund mit der Pfote nah an den Gehstock kommt. Clicken Sie jedes kleinste Verhaltensdetail, das Sie näher ans Ziel bringt. Bauen Sie Hilfen so schnell es geht wieder ab, denn sonst konzentriert sich der Hund zu sehr auf die jeweilige Hilfestellung. Hierzu zählt auch Ihre Hand als Ziel für das Pfotengeben.

Detailarbeit mit der Pfote. Hier macht sich der Clicker bezahlt.

Verkleinern Sie lieber die Lernschritte und bauen Sie auf die Ideen auf, die Ihr Hund selbst entwickelt. Verlangen Sie im Übungsaufbau stets nur wenige Wiederholungen, damit Ihr Hund nichts von seiner Arbeitsmotivation einbüßt. Setzen Sie die Übung erst dann auf Kommando, wenn er nach etlichen kurzen Trainingssitzungen schließlich die Übung beherrscht und den Stock zuverlässig mit der Pfote einklemmt. Wenn Sie diese Übung im Tanz einsetzen möchten, bleibt noch zu überlegen, wie lange der Hund dann den Stock halten soll. Bauen Sie schrittweise diese Zeit aus.

Kappe klauen

Als Beispiel für eine Tanzeinlage, in der der Hund seine Apport-Künste unter Beweis stellen kann, sei hier die Übung „Kappe klauen" beschrieben.

> **Tipp**
>
> ### Ausdauer
>
> Bei Übungen, die eine zeitliche Struktur haben, sollte immer ein kleiner Sicherheitspuffer eingebaut werden. Wenn Ihr Hund in der Aufführung den Stock etwa fünf Sekunden lang halten soll, dann strebt man im Training zehn bis 15 Sekunden an. Binden Sie diese Übung erst dann in den Tanz ein, wenn er die längere Übung beherrscht, denn dann ist die Wahrscheinlichkeit, dass er zu früh abbricht oder sich seiner Sache nicht mehr sicher ist, sehr gering.

Trainieren Sie zunächst unabhängig von der eigentlichen Einbindung in den Tanz das Apportieren der Kappe. Achten Sie ruhig von Anfang an darauf, dass der Hund die Kappe am Kappenschirm aufnimmt, indem Sie den restlichen Stoffteil zunächst wegbinden. Wenn das sitzt, animieren Sie Ihren Hund, Ihnen die Kappe vorsichtig aus der Hand zu nehmen. Führen Sie danach die Kappe schrittweise immer mehr in Richtung Kopf. Setzen Sie über den Einsatz Ihrer Belohnung die erforderlichen Motivationsakzente, denn ein höflicher Hund klaut nichts einfach so vom Kopf! Für den Vierbeiner ist die Übung natürlich einfacher (und meist passt eine solche Haltung für das Klauen auch besser in den Tanz), wenn man sich zum Hund nach unten beugt. Überlegen Sie, was der Hund mit der Kappe in Ihrem Tanz machen soll. Auch als letzte Übung ist dieses Kunststück gut geeignet. Wenn eine weitere Übung folgt, sollten Sie schon bald dazu übergehen, an das Klauen der Kappe die eigentliche Endhandlung dieser Übung anzuschließen, damit es zu keinem Zögern in der Übung kommt. Setzen Sie, wenn alles zu Ihrer Zufriedenheit gelingt, die Übung auf Kommando.

Herausforderung für fortgeschrittene Spaßvögel und Tanzmäuse: Mit dem entsprechenden Training kann der Hund lernen, dem Menschen die Kappe oder einen Hut wieder auf den Kopf zu setzen. Das freie Formen stellt hier eine sehr geeignete Trainingsmethode dar. Am besten trainiert man diese Übung zu zweit, dann hat die clickende Person den besseren Überblick über den Hund und den Menschen, dem der Hut wieder aufgesetzt werden soll. Falls keine Hilfsperson zur Verfügung steht, kann man dem Hund zunächst beibringen, einen Hut auf einen Perückenständer oder einen ähnlichen Gegenstand zu legen. Auch dieses Kunststück kann ein toller Tanz-Abschluss und gleichzeitig ein Belohnungselement (vgl. S. 82) für den Hund sein.

Auf einen Blick: Dogdance-Elemente

Es gibt eine Vielzahl von Elementen, die als Kunststückchen in den Tanz mit dem Hund eingebunden werden können. Starten Sie Ihr Training beispielsweise mit der Übung, die Ihnen am meisten zusagt und wählen Sie nach und nach gegebenenfalls weitere Übungen aus. Auch ein Tanz, der nur aus der Fußlaufübung und einem einzigen weiteren Element besteht, kann ganz toll wirken. Einem baldigen Start auf der Bühne steht also nichts mehr im Weg. Achten Sie darauf, das Training für den Hund leicht nachvollziehbar zu gestalten.

Für einen apportierfreudigen Hund hat solch eine Übung Belohnungscharakter.

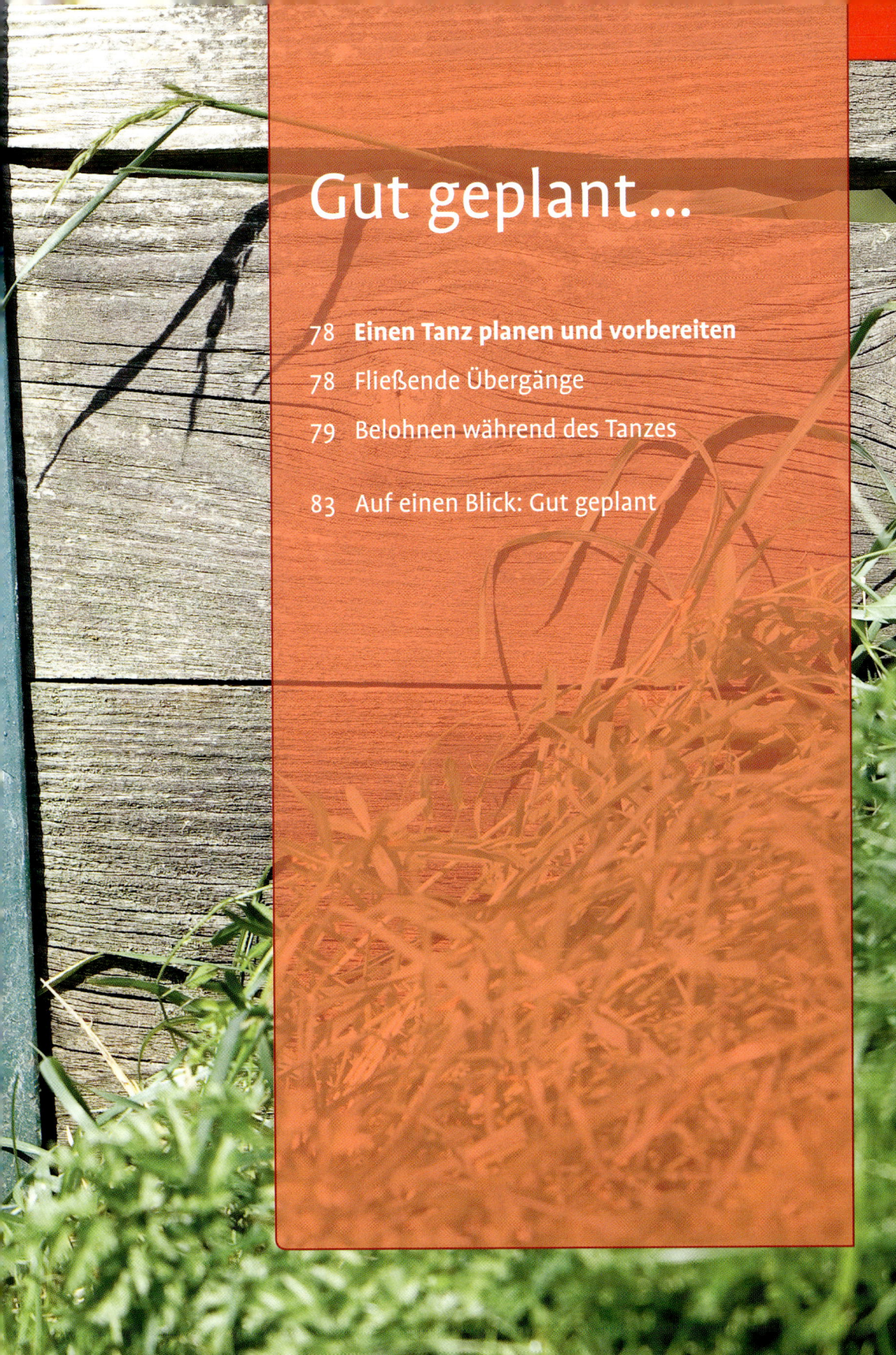

Gut geplant ...

Einen Tanz planen und vorbereiten

Nachdem der Hund im Fußlaufen geschult wurde und bereits ein paar Tanzelemente gelernt hat, soll nun eine Choreografie, also ein richtiger Tanz, zusammengestellt werden.

Für das Training mit dem Hund bedeutet das: Es müssen längere Handlungssequenzen erarbeitet und die einzelnen Kunststücke durch flüssige Übergänge miteinander verbunden werden.

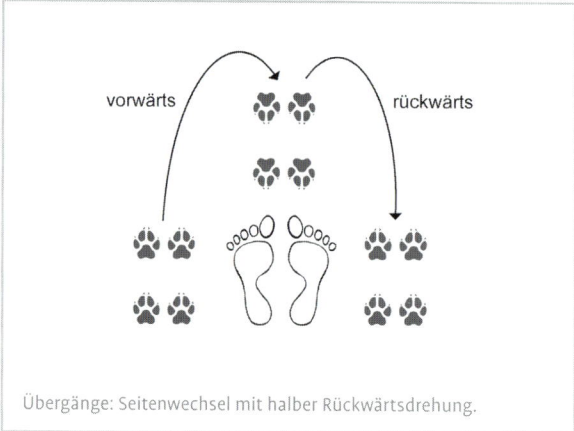

vorwärts   rückwärts

Übergänge: Seitenwechsel mit halber Rückwärtsdrehung.

Fließende Übergänge

Haben Sie schon eine Idee, in welcher Reihenfolge der Hund seine Übungen zeigen soll? Dafür müssen die Tanzelemente miteinander verbunden werden. Besonders ansprechend wird der Tanz, wenn die Figuren jeweils aus einer flüssigen Vorbereitung heraus gezeigt werden. Hierzu gibt es zahllose Möglichkeiten. Grundsätzlich können sowohl Sie als auch Ihr Hund die jeweilige Position verändern. Bedenken Sie, dass Ihr Hund

im Training bis jetzt jeweils „nur" die Grundübung gelernt hat. Nehmen wir ein Beispiel: Eine beliebige Übung endet rechts in der Grundstellung. Als nächstes Tanzelement soll Ihr Hund Ihnen von vorne durch die Beine laufen. Um dies ansprechend zu gestalten, könnte er eine enge Linksdrehung direkt um Ihr rechtes Bein machen und ist dann bereits in der nächsten Übung. Er könnte aber auch um ein vor Ihnen befindliches

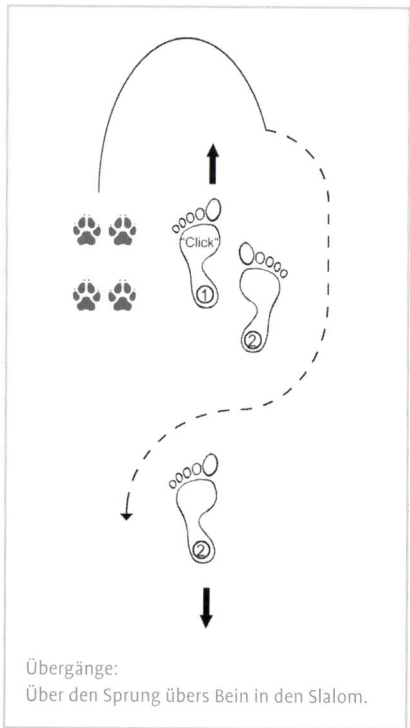

"Click"
①
②
②

Übergänge:
Über den Sprung übers Bein in den Slalom.

Objekt herumgeschickt werden und auf dem Rückweg gradlinig auf Sie zukommen, um dann durch Ihre Beine zu laufen. Eine andere Möglichkeit wäre, dass der Hund in einer beliebigen Haltung stoppt („Freeze"), während Sie geradeaus laufen, sich zu ihm umdrehen und ihn dann durch Ihre Beine laufen lassen. Sie merken, die Möglichkeiten sind ausgesprochen vielfältig. Probieren Sie verschiedene Kombinationen aus bis Sie die für diesen Tanz beste Variante gefunden haben.

Im Text und in den Grafiken finden Sie noch einige weitere Beispiele:

> Fuß links, weicher Bogen nach vorne, rückwärts Mensch, Hund vorwärts Slalom im Übergang Kick oder Sprung
> Fuß, Hund voran, Mensch rückwärts, weite Distanz, dann Drehung auf Rückweg oder Schwung für Sprung

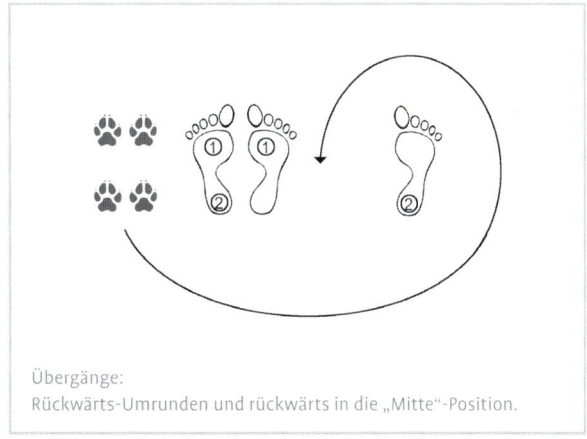

Übergänge:
Rückwärts-Umrunden und rückwärts in die „Mitte"-Position.

> Vorwärts Slalom für Seitenwechsel
> 90°-Drehung am Ort, dann Side

Belohnen während des Tanzes

Wenn der Hund ab jetzt mehr als ein Tanzelement zeigen soll, lohnt es, das Training in Bezug auf die Belohnung noch etwas genauer unter die Lupe zu nehmen. Natürlich ist es selbstverständlich möglich, den Hund während des Tanzes mit Clicks und Leckerchen zu belohnen. Die tänzerische Präsentation wirkt jedoch ansprechender, wenn für den Zuschauer keine aktive Belohnung des Hundes erkennbar ist. Hierfür werden im Folgenden drei sehr gut umsetzbare Trainingsansätze vorgestellt.

Der Rückwärtsaufbau

Vielleicht kennen Sie die Situation, dass man im Training automatisch immer wieder das gleiche übt – und nicht selten auch immer wieder denselben Fehler macht. Meist fängt man dann wieder von vorne an und trainiert so vor sich hin. Dies liegt an mangelnder Planung! Wenn mehrere Übungen hintereinander verlangt werden, kann der Hund schnell ins Stocken geraten. Wird der

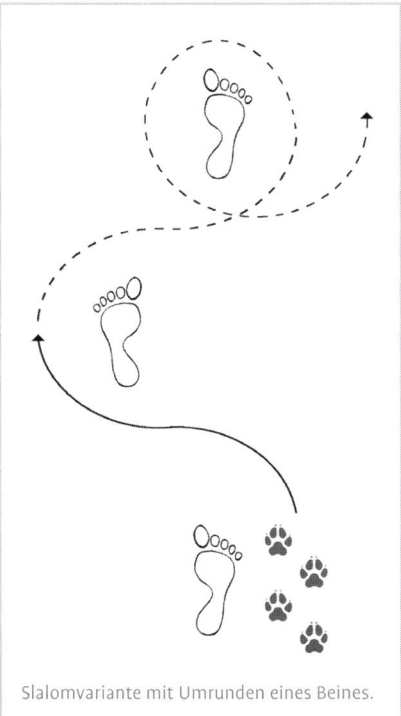

Slalomvariante mit Umrunden eines Beines.

Wenn der Hund das Umrunden und den Slalom gut beherrscht, können Sie beides kombinieren und über Ihre Bewegung weiter abwandeln.

Vierbeiner dann auch noch immer nur nach der letzten Übung belohnt, kann Frustration auftreten. Überwinden Sie Ihren inneren Schweinehund und stellen Sie dies um, denn es ist nicht sehr Erfolg versprechend. Schreiben Sie sich die Reihenfolge Ihrer Übungen mitsamt allen Übergängen auf und beginnen Sie Ihren Trainingsdurchgang mit der letzten Übung. Belohnen Sie gute Leistung und fügen Sie bei der nächsten Wiederholung eine Übung oder einen Übergang davor ein. Wiederholen Sie dieses Spiel, wenn alles gut geklappt hat und schalten Sie Ihrer Liste folgend wieder eine Übung vor. Ihr Hund lernt hier seine Belohnung nach der letzten Handlung zu erwarten, denn dies haben Sie

ihm von Anfang an vermittelt. Belassen Sie es im Training anfangs bei drei oder vier Übungen und gönnen Sie danach Ihrem Hund eine Pause. Wenn eine längere Handlungskette in dieser Art rückwärts aufgebaut wird, ist die letzte Übung immer diejenige, nach der es eine Belohnung gibt und die der Hund natürlich am häufigsten geübt hat. Das bedeutet, dass er sich von Übung zu Übung in seinem Tun immer sicherer fühlt, denn den Schluss der Sequenz beherrscht er besonders gut. Bedenken Sie: Alleine zu wissen, was als nächstes kommt, gibt dem Schüler ein Gefühl von Sicherheit. Achten Sie bei längeren Tänzen darauf, dass Sie sich mehrere unterschiedliche Endpunkte ausgucken, denen Sie in der oben beschriebenen Art entgegenarbeiten. Diese einzelnen Handlungsketten kann man am Schluss wiederum zu einer Gesamthandlung zusammensetzen.

Das Premack-Prinzip

Das Premack-Prinzip wurde nach dem amerikanischen Psychologen und Verhaltensforscher David Premack benannt, der es als erster beschrieben hat. Es besagt, dass ein wahrscheinliches Verhalten (hier eine Übung, die der Hund besonders gerne zeigt) Verstärkungscharakter für eine weniger wahrscheinliche Übung (also eine, die der Hund nicht so gerne zeigt oder noch nicht so sicher beherrscht) sein kann. Einziges Kriterium: Die Reihenfolge muss stimmen und es muss ein direkter Bezug zwischen den beiden Übungen hergestellt werden. Überlegen Sie sich, welche Übung Ihr Hund besonders liebt. Lassen Sie sie ihn zeigen und belohnen Sie diese Übung. Schalten Sie nun eine Übung davor, die Ihr Hund noch nicht so gerne oder gut zeigt und lassen Sie ihn dann zur Belohnung seine Lieblingsübung absolvieren. Wiederholen Sie dieses Spiel nach und nach mit unterschiedlichen Übungskombinationen. In Bezug auf den Belohnungscharakter einer Übung können Sie aber noch ein wenig mehr tricksen. Natürlich gibt es Lieblingsübungen, die der Hund, weil sie ihm Spaß bereiten, sowieso gerne zeigt. Grundsätzlich ist dies aber eine veränderbare Größe! Besonders positiv nimmt der Hund eine Übung immer dann wahr, wenn

> sie weder zu schwer noch zu einfach gestaltet ist,
> er genau weiß, was er zu tun hat, um den Job zu erfüllen,
> er eine sehr positive emotionale Ver-

knüpfung mit der Übung hergestellt hat.

All diese Punkte kann man im Trainingsaufbau beeinflussen und somit letztendlich jede Übung zur Lieblingsübung werden lassen. Achten Sie im Training darauf! Denn wenn Sie Ihren Hund mit einer anderen Übung „belohnen" können, sparen Sie sich eine direkte Belohnung. Dank der guten Planung kommt es dabei auf Hundeseite nicht zu einer Leistungseinbuße oder gar zu Frustration.

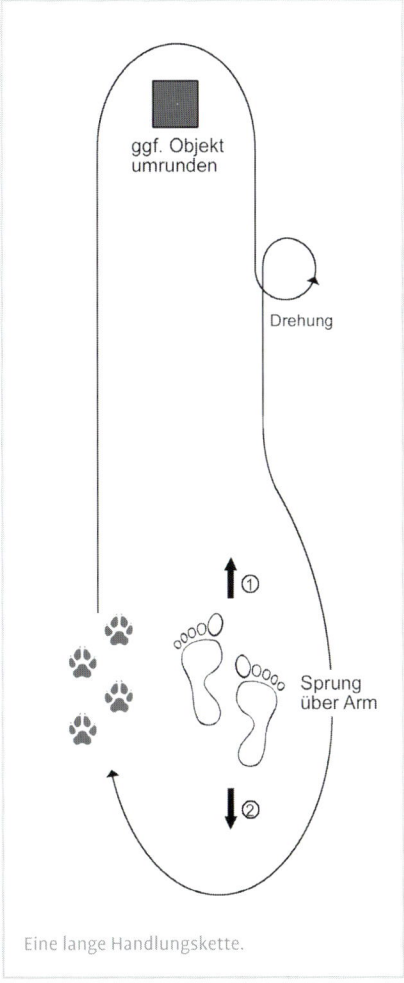

ggf. Objekt umrunden

Drehung

①

Sprung über Arm

②

Eine lange Handlungskette.

Versteckte Belohnungen

Bei längeren Tänzen kann man sich auch noch eines anderen Tricks bedienen. In fast jedes Musikstück kann man Dinge einarbeiten, die für den Hund wiederum Belohnungscharakter haben, für den Zuschauer aber eher wie ein Kunststück aussehen. Vielleicht kann ein apportierfreudiger Hund etwas bringen oder „klauen"? Ein besonders bewegungsfreudiger Hund kann etwas umrunden, ein gemütlicher Hund kann eine „Freeze"-Übung machen und so weiter und so fort. Auch Zerr-Elemente mit einem Accessoire passen oftmals in ein Stück hinein und wirken wie eine zusätzliche Verstärkung, weil sie Spielbelohnungscharakter haben.

Der Fantasie sind hier keine Grenzen gesetzt. Sie kennen Ihren Hund am besten: Auf welche Form der Belohnung spricht er besonders gut an? Ist er grundsätzlich sehr motiviert und bereit auch mehrere Übungen in Folge ohne „echte Belohnung" zu zeigen oder braucht er hier und da einen kleinen zusätzlichen Kick, um am Ball zu bleiben?

Einen Snack zwischendurch?

Wenn man einen Hundetanz nur so zum Spaß und nur für eine private Aufführung gestaltet, spricht natürlich nichts dagegen, den Hund auch während des Tanzes zu belohnen. Dies kostet aber einerseits immer etwas Zeit, unterbricht den Tanzfluss und ist für die Zuschauer leicht erkennbar. Manchmal sieht es daher mehr wie ein Training als nach einer Vorführung aus – insbesondere, wenn ein Häppchen herunterfällt

Im Trainingsaufbau beim Rückwärtsgehen macht es sich bezahlt, den Hund die Belohnung aus der Luft schnappen zu lassen.

und der Hund eifrig mit dem Auffinden des Snacks beschäftigt ist.

Überlegen Sie, ob folgendes Trainingsziel nicht mehr Spaß bringt: Denken Sie sich einen 30 Sekunden dauernden Tanz aus, den der Hund durch geschickte Aneinanderreihung von gut beherrschten Tanzelementen auch ganz ohne offensichtliche Zwischendurchbelohnung absolvieren kann.

Auf einen Blick: Gut geplant

Sobald Ihr Hund das Grundelement Fußlaufen und mindestens eine weitere Übung beherrscht, kann ein Tanz zusammengestellt werden. In einem Tanz, der aus mehreren Übungen besteht, ist es ansprechender, wenn die einzelnen Tanzelemente durch Bewegungsübergänge miteinander verbunden werden. Probieren Sie verschiedene Übergänge aus und entscheiden Sie dann, was am besten wirkt. Wenn Ihr Hund noch Trainingsanfänger ist oder Sie eine längere Tanzsequenz aufbauen möchten, sollten Sie dies bei der Planung berücksichtigen und beispielsweise die Möglichkeit eines Rückwärtsaufbaus, das Premack-Prinzip oder aber die Einbindung von versteckten Belohnungen nutzen.

Einen Tanz vorgeführt zu bekommen ist für den Zuschauer ein Geschenk. Sie können also unbesorgt an die Sache heran gehen, niemand wird Ihnen kleine Missgeschicke oder Pannen im

Haben einige Kunststücke hintereinander gut geklappt, folgt die Belohnung.

Tanz übel nehmen. Dennoch ist es erstrebenswert, schon im Training darauf zu achten, dass ein Geschenk besonders ansprechend ist, wenn es gut verpackt ist. Hier kommen im Dogdance die Übergänge und kleinen Tricks zum Tragen, mit deren Hilfe man auch mit einem Hund, der gerade erst mit dem Tanztraining begonnen hat eine schöne Präsentation zusammenstellen kann.

Im Duett

Tanzpartner Mensch

Betrachtet man Dogdance als Duett, ist es wichtig, dass beide Tanzpartner Bühnenpräsenz ausstrahlen. Für den Hund ist dies das geringere Problem.

Ganz anders stellt es sich aber für den Menschen dar, denn dieser soll vor Publikum nun nicht nur seinen Hund durch den Tanz führen, sondern auch noch eine tolle und gewinnende Bühnenausstrahlung haben. Hier macht sich schnell Lampenfieber breit, was man gegebenenfalls durch mentales Training besser in den Griff bekommen kann.

Häufig ist es so, dass sich der menschliche Tanzpartner sehr auf seinen Hund konzentriert. Das resultiert sicherlich aus der Trainingsgewohnheit, vielleicht aber auch, weil der jeweilige Hundeführer noch nie ein Tanztraining oder Bühnencoaching absolviert hat. Auf den Zuschauer wirkt diese Haltung

Merke

Laufen ist eigentlich einfach, aber wirkungsvolles Laufen ist eine (trainierbare) Kunst!

leider wenig ansprechend: Es mangelt an Ausstrahlung. Aber keine Sorge, auch Menschen sind lernfähig!

Bemühen Sie sich in der Präsentation eines Tanzes nicht als Trainer Ihres Hundes zu wirken, sondern als wirklicher Tanzpartner. Für den Zuschauer sollte keine Wertigkeit zu erkennen sein. Sie und Ihr Hund sind im Tanz gleichberechtigt!

Tipp

Improvisation

Sollte es einmal zu einem Fehler im Tanz kommen: Überspielen Sie ein etwaiges Missgeschick und lassen Sie sich nicht aus dem Konzept bringen! Im schlimmsten Fall präsentieren Sie einen Tanz, in dem Ihr Hund vielleicht nur kurzzeitig einen Part hatte. Manchmal liegt das „Missgeschick" aber gar nicht am Hund. Es kann passieren, dass man eine falsche Übung ansagt und der Hund diese sehr brav ausführt. Bleiben Sie flexibel und streben Sie so schnell es geht wieder nach einem Einstieg in Ihr geübtes Tanzkonzept.

Bühnenpräsenz trainieren

Suchen Sie sich einen Ort, der von der Größe her ungefähr der späteren Bühne entspricht. Geben Sie Ihrem Hund ein schönes Futterspielzeug zur Beschäftigung, denn nun hat er eine Pause. Stellen Sie sich selbst nun nacheinander an verschiedenen Stellen im Raum hin. Schließen Sie jeweils die Augen und versuchen Sie, den Raum wahrzunehmen. Spüren Sie an den verschiedenen Stellen im Raum Unterschiede in punkto Wärme, Gerüche, Lichteinflüsse, Bodenbeschaffenheit oder Ähnliches? Lassen Sie es auf sich wirken. Versuchen Sie, wenn

Sie mit der Wirkung des Raumes ein wenig vertraut geworden sind, wiederum an unterschiedlichen Stellen im Raum zu „wachsen". Spannen Sie, bildlich gesprochen, Ihren Körper zwischen Boden, Decke und den Wänden auf, als ob Sie an einem Faden im Lot gehalten werden. Ihre Körperhaltung sollte hierbei groß wirken, aber dennoch bequem sein. Strecken Sie Ihre Brust heraus. Ziehen Sie gleichzeitig Ihren Po ein. Warten Sie in dieser Position einen kurzen Moment. Merken Sie, dass sich Ihre Raumwahrnehmung verändert hat? Lassen Sie diese Erfahrung wirken und wiederholen Sie diese Übung vielleicht noch einmal mit Musik im Hintergrund.

Vielleicht kennen Sie auch einen Menschen, der beim bloßen Durchschreiten eines Raumes locker oder freundlich-selbstbewusst und dadurch einfach toll aussieht? Über Ihren eigenen Gang können Sie erheblichen Einfluss auf den Tanz mit Ihrem Hund nehmen. Nutzen Sie das!

Wiederholen Sie die erste Übung zur Raumwahrnehmung nun in der Bewegung und mit offenen Augen. Durchschreiten Sie den Raum. Achten Sie darauf, den Raum immer noch so zu spüren, wie Sie es mit geschlossenen Augen konnten. Richten Sie Ihren Blick gerade nach vorne und blicken Sie innerlich in die Ferne. Wie sieht es mit Ihrer Körperhaltung aus? Korrigieren Sie sich selbst, wenn Sie bemerken, dass Sie erschlafft sind und bauen Sie wieder Körperspannung auf. Wiederholen Sie diese Übung danach mit Musik.

Üben Sie den in die Ferne gerichteten Blick auch unabhängig von Ihrem Tanztraining. Vermeiden Sie es hierbei einen bestimmten Punkt anzustarren. Trainieren Sie dann beide Übungen nach und nach auch in anderen Umgebungen.

Bewegungen wie von einer Marionette. Hier ist im Training gutes Timing gefragt.

Üben Sie eine bühnenreife Körperhaltung auch im Alltag. Spielen Sie ein wenig mit Ihrer Ausstrahlung. Achten Sie beispielsweise bei der Arbeit darauf, auf dem Weg zum Kaffeeautomaten locker, aber aufrecht, mit einer ansprechenden Körperspannung und mit einem nach vorne gerichteten offenen Blick zu gehen – vielleicht werden Sie sogar schweben. Dann haben Sie sich den Kaffee mehr als verdient. Aber auch andere Situationen, beispielsweise die spiegelnden Glasflächen von Schaufenstern sind ideal, um unauffällig einen Blick auf sich selbst werfen und somit die eigene Körperhaltung anpassen zu können.

Raummuster

Die gelaufenen Raummuster geben der Choreografie eine ganz spezielle Note. Nutzen Sie nach Möglichkeit die ganze Fläche der Bühne.

Arbeiten Sie dem Publikum entgegen oder präsentieren Sie zumindest wichtige Übungen in Richtung des Publikums. Je nach Musik kann über die Wegstrecke der Tanz sehr gut akzentuiert werden. Üben Sie selbst im Training verschiedene Raummuster umzusetzen und legen Sie sich dann für Ihren Tanz auf verschiedene Muster fest.

Bögen

Üben Sie wieder das Laufen mit Körperspannung, aber laufen Sie diesmal nur Bögen, Kurven und Kreise. Vermeiden Sie strikt jede Form von gerader Linie. Achten Sie in Ihrem Bogenlaufen aber auch auf Richtungswechsel. Verändern Sie die Größe Ihrer Bögen. Umschreiben Sie kleine und große Kreise, enge und weite Kurven. Versuchen Sie sich danach auch an Mustern, die aus Bögen, Kreisen und Kurven bestehen – z. B. Spiralen, Slalomstrecken oder Achten.

Tipp

Unterstützung

Oft macht das Training mehr Spaß, wenn man in einer Gruppe trainiert. Auch die Aufzeichnung von Videoaufnahmen ist dann deutlich einfacher. Nichts geht über das Feedback von Freunden, die konstruktive Kritik üben.

Merke

Zwischen den Raummustern **Bögen** und **Geraden** gibt es keine „Qualitätsunterschiede". Üben Sie die beiden Muster getrennt voneinander, um einen deutlichen Unterschied in der Raumwahrnehmung und auch in Bezug zur Musik zu erfahren. Dies hilft Ihnen, um für die Choreographie des Tanzes die richtigen Elemente auszuwählen. Die Raummuster können selbstverständlich auch beliebig miteinander kombiniert werden.

Wenn Ihnen die Bögen-Übung vom Prinzip her vertraut ist, sollte wieder am Raumgefühl und an der Bühnenpräsenz gefeilt werden. Halten Sie eine gleichmäßige Körperspannung, strecken Sie die Brust heraus, lassen Sie Ihre Schultern unten, ziehen Sie den Po ein und gucken Sie nach vorne. Wiederholen Sie diese Übung nun zur Musik.

Gerade Linien

In der nächsten Übung geht es um gerade Linien. Laufen Sie stets parallel zu einer Wand oder Abgrenzung, ändern Sie die Richtung nur über 90°-Winkel.

Binden Sie als nächstes diagonale Linien ein und nehmen Sie auch 45°-Winkel in Ihr Laufschema auf. Verinnerlichen Sie das Raummuster der geraden Linien durch mehrere Wiederholungen, achten Sie wiederum immer mehr auf Ihre eigene Körperhaltung. Wiederholen Sie, wenn Sie „bühnenreif" gerade Linien laufen können, diese Übung mit Musik.

Wendungen

Vor allem mit Wendungen können leicht Akzente gesetzt werden. Üben Sie weiche Wendungen im Bogen, zackige Wendungen über die Fußspitze oder über einen Sprung oder einfach nur einen Richtungswechsel zwischen Vorwärts- und Rückwärtslaufen. Feilen Sie an Ihrer Körperhaltung, nehmen Sie dann Musik dazu und wiederholen Sie das Geübte.

Raummuster und Geschwindigkeit

Wenn Sie die Grundübungen zu den Raummustern schon umgesetzt haben, kann die Musik immer mehr ins Training eingebunden werden. Laufen Sie ganz bewusste Raummuster und probieren Sie nun unterschiedliche Geschwindigkeiten aus. Laufen Sie je nach Musik genau auf den Takt, verdoppeln Sie die Schritte oder halbieren Sie mit Ihren Schritten den Takt. Achten Sie darauf, stets einen bewussten Wechsel vorzunehmen.

Wenn Sie in den Takt-Übungen Sicherheit gewonnen haben und auch zu unterschiedlichen Musikstücken im Laufen firm geworden sind, soll nun die Raumwahrnehmung wieder hinzu kommen. Können Sie, während Sie zur Musik Muster laufen, eine im Raum auf-

Blickwinkel

Fertigen Sie eine Videoaufnahme von sich selbst und gegebenenfalls auch von einem Tanzelement mit dem Hund an. Sie werden dann schnell merken, ob Ihr Gang beziehungsweise die Übungsdarbietung Ihren Vorstellungen entspricht. Aber keine Scheu! In der eigenen Betrachtung ist man manchmal zu kritisch. Arbeiten Sie anfangs nur Unstimmigkeiten aus, die Sie besonders stark stören und konzentrieren Sie sich danach ganz auf Ihre angestrebte Präsentation.

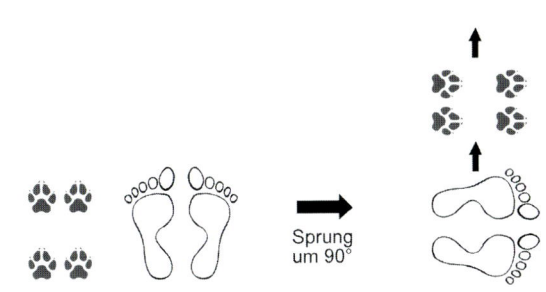

Flüssiger Übergang: Richtungswechsel über einen Sprung.

gespannte Körperhaltung beibehalten? Arbeiten Sie daran!

Zu guter Letzt soll nun der Hund wieder mit in das Tanztraining eingebunden werden. Achten Sie darauf, dass Sie zunächst keine Kunststücke vom Hund verlangen, sondern nur die eben beschriebenen Übungen zur Raumwahrnehmung und Raummuster umsetzen. Sie werden anfangs merken, dass immer wieder der Blick zum Hund hinunterrutscht. Achten Sie auf die Raumwahrnehmung und Ihre Körperhaltung und bemühen Sie sich vor allem, den Blick nach vorne gerichtet

Tipp

Souveränität

Bringen Sie bei einer Aufführung
Ihren Tanz stets zu Ende! Sollte Ihr Hund
zwischenzeitlich abdriften, tut das der Sache
keinen großen Abbruch. Diese Regel schon im
Training zu verinnerlichen und umzusetzen
führt darüber hinaus meist sehr schnell zu
konstanterer Leistung beim Hund, denn nun
führen Sie ihn wirklich souverän!

zu halten. Behelfen Sie sich gegebenenfalls mit Spiegeln an der Wand oder mit
einem anderen Trainingspartner, der für
Sie auf den Hund schaut. Dies kann eine

große Hilfe sein, denn der Trainingspartner kann für Sie auch das Clicken
übernehmen.

Laufen Sie im eigenen Tanz- bzw.
Choreografietraining stets Ihren Weg,
egal, wohin es Ihren Hund verschlagen
sollte. Bedenken Sie, dass ein „Fiffi, ich
habe dir doch gesagt, wir wollen jetzt
hier einen Tanz aufführen… Fiffi, wo bist
du? Komm sofort zurück!" zwar sicher
einen schönen Lacher mit sich bringt,
aber vermutlich nicht Ihr Trainingsziel
ist. Vermeiden Sie grundsätzlich, sich
diese Blöße zu geben. Ein Tanz ohne
Hund ist immer noch ein Tanz! Wohingegen eine Suche nach dem von der
Seite verschwundenen Vierbeiner nur
noch ein Witz ist.

Raumausnutzung

Überlassen Sie die Raumausnutzung
im Dogdance nicht dem Zufall. Machen
Sie sich bewusst, wie die verschiedenen
Raummuster wirken und stimmen Sie
dies mit Ihrer Musik ab. Eine Videoaufnahme ist dabei sehr hilfreich. Oft fällt
einem dann auch die Auswahl für ein
spezielles Musikstück leichter.

Greifen Sie nun zu Stift und Zettel,
lassen Sie die ausgewählte Musik oder
besser verschiedene Musikstücke zum
Training im Hintergrund laufen und
skizzieren Sie die Bühne. Malen Sie Ihre
Laufstrecke auf. Versuchen Sie, den einzelnen Streckenabschnitten konkrete
Musikpassagen zuzuordnen. Wenn man
noch nicht so viel Erfahrung hat, sollte
man sie zur Kontrolle sofort danach
ablaufen. Denn oftmals verschätzt man
sich mit der Geschwindigkeit und man
plant eine zu lange oder zu kurze Strecke für die jeweilige Schrittlänge ein.
Korrigieren Sie notfalls Ihren Laufplan,
bis alles sitzt.

Beim Sprung sieht es besser aus, wenn der Hund
nicht zum Hundeführer, sondern nach vorne guckt.

Lauftraining für Hund und Mensch

Wählen Sie zu einer Ihnen vertrauten Musik ein paar Raummuster. Lassen Sie Ihren Hund aus der Grundposition mit dem Kommando Fuß starten.

Achten Sie dann nicht weiter auf Ihren Hund und vor allem: Gucken Sie nicht nach unten! Laufen Sie Ihr Raummuster so, wie Sie es sich vorgenommen hatten. Belohnen Sie Ihren Hund nur dann, wenn Sie bei einem Blick in einen Spiegel sehen können, dass er gerade in schöner Position neben Ihnen läuft oder nachdem ein anderer Mensch Ihnen und Ihrem Hund diese Information über das „Click" zugespielt hat. Wenn Sie im Training jemand anderen diese Übung clicken lassen, kann Ihr Hund die Belohnung trotzdem von Ihnen bekommen. Halten Sie aber nicht an und achten Sie weiterhin nicht auf Ihren Hund. Bedenken Sie, dass Korrekturen für zu schnelles oder zu langsames Laufen in der Fußübung immer eine Aufmerksamkeit zum falschen Zeitpunkt darstellen. Den Hund hingegen nicht zu beachten, wenn er fehlerhafter Weise abdriftet, führt beim Hund schnell zu einem Lerneffekt: Er wird sich mehr bemühen mit Ihnen Schritt zu halten. Für dieses Bemühen hat er sich dann seine Belohnung verdient.

Es ist sehr nützlich, ins Lauf- und Fußtraining eine Hilfsperson einzubinden. Instruieren Sie sie aber ganz genau und vermitteln Sie ihr im Detail, was Ihr Ziel ist. In dieser ersten Übung soll der Hund ja eigentlich nur in der Fußposition bleiben, aber Fuß ist nicht gleich Fuß! Und Ihre Konzentration wird ganz von der Aufgabe, eigene Bühnenpräsenz zu erlangen oder zu bewahren, in Anspruch genommen. Definieren Sie, was für Sie ein schönes Fußlaufen beinhaltet. Muss der Hund Sie anschauen, soll er eng laufen, muss er parallel bleiben, auf welcher Seite soll er gehen? Geben Sie Ihrem Hund nach jedem Click, das Sie hören, ein Häppchen, aber verändern Sie niemals Ihre Laufgeschwindigkeit. Unterbrechen Sie durch nichts Ihren Tanz. In aller Regel finden sich auch unerfahrene Dogdance-Hunde nach kleinen Ausreißern wieder in der Fußposition ein, denn nur hier bekommen Sie Clicks und Leckerchen. Außerdem beinhaltet Ihr zielstrebiges Vorgehen hohe Führungsqualität und wirkt daher auf Ihren Hund sehr anziehend.

Da Ihr Tanzpartner deutlich kleiner ist als Sie, können Sie den Tanz natürlich nicht auf gleicher Augenhöhe präsentieren. Dies darf inhaltlich dem Publikum aber nicht vermittelt werden. Ohne den Hund im Tanz anzuschauen, sollten Sie sowohl ein enges mentales Band zwischen sich und dem Hund spannen als auch den Tanzpartner aus einem peripheren Blickwinkel fokussieren. Dies gilt aber bei der Präsentation weniger der Kontrolle als vielmehr der Bindung. Lernen Sie Ihren Hund zu spüren und ihm zu vertrauen – schließlich waren beziehungsweise sind Sie selbst sein Lehrmeister!

Choreografie

Einen Tanz zusammenstellen

In den vorangegangenen Übungen haben Sie das Laufen und eine bühnenpräsente Haltung trainiert. Jetzt geht es um das Zusammenstellen einer kleinen Choreografie.

Natürlich kann Dogdance aus reinem Laufen bestehen. Auch das kann sehr schön aussehen! Mit wenig Aufwand kann man aber über die bereits geübten Wendungen, Raummuster und Wechsel zwischen verschiedenen Geschwindig-keiten, Bewegungselementen und Positionselementen noch mehr Schwung in die Sache bringen. Gestalten Sie jetzt Ihre eigene Dogdance-Choreografie.

Je nach Hundegröße und Beweglichkeit muss im Tanz unterschiedlich viel Zeit für ein Element eingeplant werden.

Liedauswahl: Länge und Struktur

Wenn Sie einen ersten Tanz kreieren wollen, sollten Sie ein relativ kurzes Musikstück oder nur eine Lied-Sequenz mit etwa einer halben Minute Laufzeit auswählen. Eine halbe Minute zu füllen kann schon recht anspruchsvoll sein! Welches Musikstück Sie wählen, liegt ganz bei Ihnen. Dogdance ist ein individueller Hundesport ohne Grenzen. Ein paar Tipps für den Anfang gibt es dennoch:

> Wählen Sie ein Stück, das leicht zu interpretieren ist.
> Nehmen Sie ein Lied, an dem Sie sich nicht satt hören, denn Sie werden es im Verlauf des Trainings unzählige Male hören.
> Wenn Sie einen jungen, sehr agilen Hund haben, sind auch flottere Stücke geeignet.
> Für einen gesetzteren Hund darf es gerne auch etwas Langsames sein.
Insbesondere wenn man ein Lied schneiden muss, um eine realistische Liedlänge zu erreichen, ist es einfacher, ein Lied ohne Text zu wählen. Denn der Text wird sonst möglicherweise

aus dem Zusammenhang gerissen. Wenn ein Musikstück eine Geschichte erzählt, kann diese im Tanz natürlich interpretiert werden. Dies ist aber eher etwas für fortgeschrittene Teams. Bei einer solchen Aufgabenstellung können neben den „Standardelementen" auch manchmal ganz besondere Kunststücke sehr wirkungsvoll in den Tanz eingearbeitet werden.

Testen Sie beim eigenen Lauftraining verschiedene Stücke. Auf welchen Rhythmus können Sie besonders gut laufen? Und: In welcher Geschwindigkeit zeigt Ihr Hund das schönste Gangbild?

Hören Sie sich nun das von Ihnen ausgewählte Lied immer wieder an und versuchen Sie es zu strukturieren. Für alle musikalisch begabten Menschen sollte das kein Problem darstellen. Für alle anderen kann es anfangs einfacher sein, wenn zunächst nach folgenden Kriterien geschaut wird:

> Ist die Melodie immer gleich oder gibt es Wechsel?
> Wenn ja, an welcher Stelle?
> Gibt es Wiederholungen?
> Gibt es in der Musik Akzente wie zum Beispiel einen Paukenschlag oder ein Stille-Element?

Schreiben Sie sich alles auf und ordnen Sie den Stellen entweder die gemessenen Zeiten oder auch Textstellen zu, um sich selbst gut im Lied zurechtzufinden.

Laufen zum Lied

Haben Sie zu Ihrem Lied schon das Laufen geübt? Falls nicht, dann los! Welche Raummuster passen gut? Sind weiche Muster über Bögen, Kurven und Kreise geeignet oder besser gerade Linien? Passt ein Stilwechsel zur Musik? Welche

Musikstücke

Tipp

Die meisten Lieder bestehen aus Strophen und Refrains, die sich miteinander abwechseln. Variationen ergeben sich aus Wiederholungen oder auch aus dem Aufbrechen des gängigen Musters Strophe-Refrain-Strophe-Refrain. Nutzen Sie dies gegebenenfalls, wenn Sie ein Lied auf eine gewisse Länge kürzen möchten (Beispiel: Happy Birthday, Stevie Wonder, s. S. 98).

Geschwindigkeit funktioniert am besten? Probieren Sie ruhig verschiedene Varianten aus und bringen Sie dann Ihre Lieblingsversion zu Papier. Zeichnen Sie sich einen Weg auf und notieren Sie in Stichworten oder Zeichen, welche Geschwindigkeit oder Gangart Sie für den jeweiligen Streckenabschnitt geplant haben. Betrachten Sie dann kritisch Ihre Skizze. Haben Sie die ganze Bühne und alle Himmelsrichtungen ausgenutzt? Wenn Sie wissen, an welcher Seite das Publikum sitzen wird, sollten Sie dies berücksichtigen. Arbeiten Sie so oft es geht dem Publikum entgegen und vermeiden Sie es, den Zuschauern zu oft den Rücken zuzuwenden. Ordnen Sie die einzelnen Streckenabschnitte dann der Musik zu.

Üben Sie Ihre Choreografie nun zunächst ohne den Hund an Ihrer Seite. Achten Sie wiederum auf Ihre Körperhaltung. Halten Sie den Blick geradeaus gerichtet. Tanzen Sie Ihren Part so oft, bis Ihnen die Schrittfolge und die Gangart inklusive aller Wendungen in Fleisch und Blut übergegangen sind.

Danach kann der Hund wieder mitwirken. Lassen Sie ihn ruhig erst einmal nur Fußlaufen. Überlegen Sie aber währenddessen, an welcher Stelle welches

Tipp

Zurückhaltung

Weniger ist oft mehr! Gerade bei einem relativ kurzen Musikstück ist es nicht das Ziel, möglichst viele Tanzelemente unterzubringen, sondern das Gezeigte gut wirken zu lassen. Halten Sie also Maß und strukturieren Sie Ihren Tanz tatsächlich nach der Musik. Sie werden bemerken, dass auch hier die einzelnen Abschnitte stets eine wirkungsvolle Länge haben.

Tanzelement gut passen würde. Planen Sie stets genügend Zeit pro Figur ein, denn ein wenig Puffer muss sein. Nicht zuletzt wirkt dann die Präsentation flüssiger und wesentlich professioneller.

Auswahl der Elemente und Übergänge

Genau wie bei der Auswahl der eigenen Wegstrecke gilt bei der Auswahl der Elemente und Übergänge: Weniger ist mehr! Benutzen Sie die einzelnen Tanzelemente als Akzente. Wertvoll sind sie besonders dann, wenn der Zuschauer nicht überrumpelt wird. Lassen Sie

Tipp

Genauigkeit

Damit der Hund ein Element korrekt ausführen kann, muss es ihm unbedingt rechtzeitig angesagt werden. Wenn die Figur punktgenau auf eine Musikstelle passen soll, muss die Übung angesagt werden, bevor die jeweilige Musikstelle erreicht ist! Nur so kann sich der Hund darauf einstellen und mit vielleicht einer oder zwei Sekunden Nachdenkzeit die Übung genau zur richtigen Zeit umsetzen.

jede einzelne Übung einen Moment nachwirken. Günstig ist es, den Hund zwischendurch immer wieder Fußlaufen zu lassen. Sie haben hier genügend Variationsmöglichkeiten (Tempovariationen, rechte Seite, linke Seite, vorwärts, rückwärts), sodass das reine Fußlaufen keineswegs langweilig sein muss. Planen Sie für jede Übung im Tanz ausreichend Zeit ein, damit der Hund in Ruhe seinen Part abwickeln kann. Probieren Sie auch hier einige Dinge aus, gleichen Sie gegebenenfalls noch einmal Ihren Tanzplan an.

Vermeiden Sie es strikt, mit dem Hund stets den ganzen Tanz zu üben – denn das ist für den Vierbeiner sehr ermüdend. Picken Sie sich wie auch im Training ohne Musik lieber einzelne Elemente heraus und üben Sie kürzere Handlungsketten. Spulen Sie Ihre Musik an die entsprechende Stelle vor und arbeiten Sie dann nur an diesem kurzen Teilabschnitt. Achten Sie weiterhin auf Ihre eigene Körperhaltung!

Wiederholungen

Neben den Raummustern, den Geschwindigkeits-, Bewegungs- und Positionswechseln können Akzente aber auch über Körpergesten und durch die Wiederholung von Elementen eingebaut werden. Wiederholungen können toll wirken, bergen aber auch ein gewisses Gefahrenpotential in sich: Innerhalb eines Tanzes kann der Hund eine bessere und eine schlechtere Leistung zeigen. Durch die direkte Vergleichbarkeit ist dies auch für das Publikum leicht erkennbar. Wiederholungen sind also etwas für Übungen, die der Hund aus dem Effeff heraus beherrscht. Spektakuläre Übungen verlieren darüber hinaus durch eine Wiederholung an Wirkung.

Körpergesten

Um Zuverlässigkeit in den Tanz zu bringen kann man sich eine Hundesprachen-Eigenart zunutze machen. Hunde lernen grundsätzlich Körpersprache (Sichtzeichen) leichter als Sprachkommandos. Wenn Sie sich die Übungen für Ihren Tanz zusammengestellt haben und auch Ihre Laufstrecke und Körperhaltung feststeht, können Sie sich daran machen, einige eigene Gesten in den Tanz als Sichtzeichen für Ihren Hund einzubauen. Hierdurch minimieren Sie die Fehlerquelle, dass Ihr Hund ein Kommando von Ihnen verpassen könnte. Denn gerade bei lauter Musik ist es für den Hund nicht immer einfach, Ihre Kommandos herauszuhören. Über den Einsatz von eleganten Körpergesten wirkt Ihre Choreografie sofort tänzerischer und keinesfalls mehr wie ein Spaziergang mit Trickelementen.

Kostüme

Kleider machen Leute. Das gilt auch für einen Auftritt mit dem Hund. Überlegen Sie sich, ob Sie die Wirksamkeit Ihrer Präsentation durch spezielle Kleidung unterstreichen können. Wenn das Musikstück inhaltlich interpretiert werden soll, ergeben sich für die Auswahl der Kleidung oder für die Einbindung von bestimmten Accessoires oft tolle Möglichkeiten. Bedenken Sie, dass auch die Kleidung ein Faktor ist, der im Training mit dem Hund eine Rolle spielt. Trainieren Sie vor allem gegen Ende Ihrer Trainingsphase immer häufiger in Ihrem „Kostüm", denn Ihrem Hund gibt dies später beim Auftritt mehr Sicherheit. Die Kleidung kann sogar einen Trainingsstart-Charakter bekommen. Um dies zu erreichen ist es jedoch notwen-

Nach ausreichend Training unter Ablenkung, z. B. im Park oder in einer Fußgängerzone, ist das Team reif für den Auftritt.

dig, die Tanzkleidung wirklich nur während des Trainings anzuziehen und sie sofort danach wieder abzulegen, damit der Hund dieses Bild nicht mit alltäglichen Situationen verbinden kann.

Tänze mit mehreren Hunden

Eine besonders anspruchsvolle Tanzvariante ist es, mit mehreren Hunden gleichzeitig aufzutreten. Für einen ersten Tanz ist dies aber kaum zu emp-

Auch im Theater kann getanzt werden. Ein großer Hund auf einer kleinen Bühne kann als zusätzliches Stilelement genutzt werden.

fehlen, da die Fehlerquelle mehr als verdoppelt wird. Wenn ein Tanz mit Ihrer ganzen Hundegruppe Ihr Ziel ist, sollten Sie schon beim Übungsaufbau darauf Rücksicht nehmen und die Einzelelemente unter diesem Maß an Ablenkung generalisieren.

Gruppentänze

Gruppentänze sind eine weitere Möglichkeit mit mehreren Hunden aufzutreten. In den meisten Fällen führt hier jeder Hundeführer einen (in aller Regel seinen eigenen) Hund. Wechsel zwischen den Hunden beziehungsweise den Hundeführern sind während des Tanzes möglich und können eine tolle Wirkung haben. In einem Gruppentanz

können auch mehrere Personen mit nur einem Hund eingebunden werden. Sinnvoll ist solch ein Vorgehen immer dann, wenn es inhaltlich gut zum Musikstück passt.

Beispiel-Choreografie

Auch wenn Dogdance eigentlich von der Individualität lebt, fällt es erfahrungsgemäß am Anfang doch schwer, ohne fremde Hilfe einen Tanz vorzubereiten. Für einen ersten Einstieg ist es daher manchmal einfacher, eine schon erprobte Choreografie nachzutanzen. Für alle Einsteiger, die sofort loslegen möchten, hier nun ein Tanzbeispiel, das mit einem oder mehreren Hunden nachgetanzt werden kann.

Happy Birthday (Stevie Wonder, The Definitive Collection)

Ausschnitt des Liedes ab Liedstelle 3 Minuten, 30 Sekunden. Die Länge des Tanzes beträgt ca. 30 Sekunden, wenn nur die Refrain-Wiederholung genutzt wird.

Happy Birthday to you
Happy Birthday to you
Happy Birthday
Happy Birthday to you
Happy Birthday to you
Happy Birthday
Happy Birthday to you
Happy Birthday to you
Happy Birthday
Happy Birthday to you
Happy Birthday to you
Happy Birthday

Bei diesem Liedabschnitt gibt es vier Wiederholungen des Refrains. Für einen ersten Tanz reicht es, tatsächlich nur diese 30 Sekunden zu füllen. Um nicht noch weitere Musikelemente hinzuzufügen, kann die Tanzdauer gegebenenfalls aber auch durch eine oder mehrmalige Wiederholung des Ausschnitts verlängert werden. Dies eignet sich vor allem für einen eher gesetzten Tanzstil, zum Beispiel für einen älteren Hund, denn es bringt mehr Ruhe in den Tanz.

Die Choreografie wirkt dann sehr ansprechend, wenn die Tanzelemente gut gelingen. Suchen Sie sich also für den Anfang zum Beispiel „nur" vier Einzelelemente heraus, die Sie gerne zeigen möchten. Eine Möglichkeit wäre dann, jeweils die „Happy Birthday"-Stellen für einen Tanzhöhepunkt zu nutzen und die „Happy Birthday to you"-Stellen zur choreografischen Gestaltung, also vor allem zur Raumausnutzung und Bühnenpräsentation zu verwenden.

Mehr Anspruch kann man in den Tanz bringen, wenn man das Laufen bei den Übergängen jeweils auch mit Tanzelementen anreichert. Hierfür eignet sich beispielsweise das Slalomlaufen oder auch das seitliche Versetzen, je nachdem, wie die „Bühne" gestaltet ist.

Versuchen Sie den Raum gut auszunutzen. Machen Sie sich eine Raumskizze. Wie wäre es mit Vorwärts-Rückwärts-Bewegungen und dem Tanzhöhepunkt im Zentrum der Bühne, wenn es sich um einen kleinen Raum, z. B. ein kleines Wohnzimmer, handelt?

Sie treten vor einem größeren Publikum auf? Meist gibt es hier Zuschauer von allen vier Seiten. Dann könnte ein Viereck oder auch ein Viererstern geeignet sein. Wenn das Lied verlängert wird, können auch die Diagonalen eingebunden werden.

Bedenken Sie, dass es vor allem für das Geburtstagskind bestenfalls ein Stilelement sein sollte, ihm Ihren Allerwertesten zu präsentieren. Stellen

Spektakulär sieht ein Partnerwechsel beim Tanz mit zwei Hunden aus.

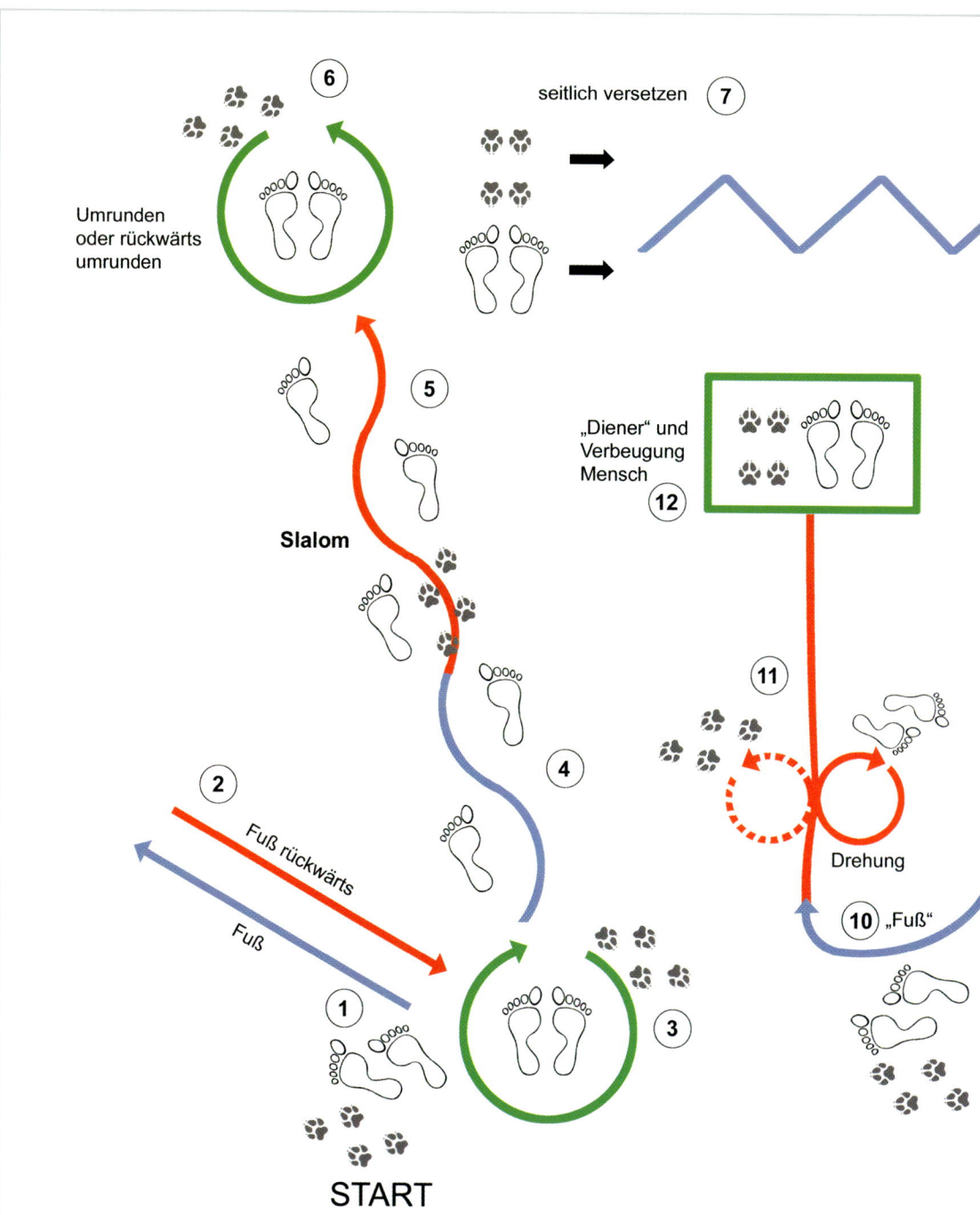

6

seitlich versetzen 7

Umrunden
oder rückwärts
umrunden

5

„Diener" und
Verbeugung
Mensch

12

Slalom

11

4

2

Fuß rückwärts

Drehung

Fuß

10 „Fuß"

1

3

START

Beispieltanz. Die Farben bedeuten: Blau = 1. Wiederholung von „Happy Birthday to you", Rot = 2. Wiederholung von „Happy Birthday to

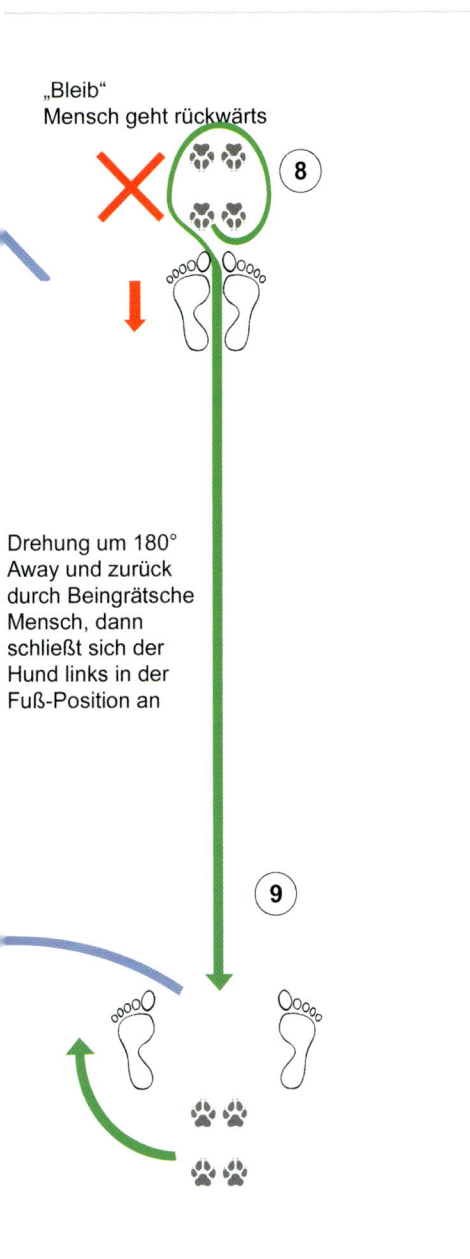

„Bleib"
Mensch geht rückwärts

8

Drehung um 180°
Away und zurück
durch Beingrätsche
Mensch, dann
schließt sich der
Hund links in der
Fuß-Position an

9

you", Grün = „Happy Birthday".

Sie Ihre Schokoladenseite und die Ihres Hundes zur Schau. Tanzen Sie auf das Geburtstagskind zu oder richten Sie die Höhepunkte der Kunststücke in seine Richtung. Lächeln Sie es an. Keine Sorge, Ihr Hund wird ebenfalls seinen Charme spielen lassen …

Tipp: Bei einem langsamen Tanzstil kann auch nur eine einfache Wegstrecke für die Dauer der ersten beiden „Happy-Birthday to you"-Wiederholungen gewählt werden. Die „Happy-Birthday"-Stellen können dann für die Highlights des Tanzes genutzt werden. Vier Elemente klingt zunächst nach wenig, aber sauber präsentiert ist die Wirkung riesengroß!

Auf einen Blick: Choreografie

Beim Dogdance sind Sie gleichzeitig Trainer, Choreograf und natürlich Tanzpartner Ihres Hundes. Wählen Sie Musik, Tanzelemente und die jeweiligen Übergänge anhand Ihrer Vorlieben aus. Berücksichtigen Sie hierbei ruhig persönliche Stärken, Temperament und Talent Ihres Hundes. Stellen Sie dann Ihre Choreografie so zusammen, dass Fehler möglichst vermieden werden und Sie Ihren Tanz auch in punkto Raumausnutzung ansprechend präsentieren können. Unterstreichen Sie Ihren Tanz vielleicht durch Accessoires oder spezielle Kleidung. Sollten Sie in einer Gruppe trainieren, kann ein tolles Ziel auch ein Gruppentanz oder ein Tanz einer Einzelperson mit mehreren Hunden sein. Legen Sie los – Ihr Publikum wartet sicherlich schon!

Service

Zum Weiterlesen

> Del Amo, C., **Welpenschule**. 2. A. Ulmer, 2006

> Del Amo, C., **Probleme mit dem Hund**. 3. A. Ulmer, 2007

> Del Amo, C., **Spiel- und Spaßschule für Hunde**. 2. A. Ulmer, 2008

> Calmbacher, E., **Agility**. Ulmer, 2008

> Schmidt-Röger, H., **Das große Ulmer Hundebuch**. Ulmer, 2008

Klicks im WWW

Seiten rund ums Dogdance
www.dogdance.de
www.dogdance.ch

Homepage der Autorin
www.hundeschule-knochenarbeit-online.de

Die Seite rund ums richtige Aufwärmen und Trainieren
www.hundum-fit.de

Hinweis: Der Verlag Eugen Ulmer ist nicht verantwortlich für den Inhalt von Links.

Dank

Mein besonderer Dank gilt **Martin del Amo**, der mir als mein Bruder, Tänzer, Choreograph und Performance-Künstler stets mit zahlreichen Tipps und Ratschlägen zur Seite steht, auch wenn Hunde nicht „seine Welt" sind.

Mit Geduld hat er die tänzerische Unkenntnis unserer Dogdance-Truppe ertragen und mit scheinbar kleinen Tipps und Kniffen jedem einzelnen Team unter die Arme gegriffen. Die aus dieser Anleitung entstandene Motivation ist unbezahlbar!

Ich möchte mich außerdem bei Claudia und Karsten, Margitta, Tanja, Bianca, Sabine, Juliane, Jörg, Bettina, Astrid und Antje und ihren Hunden Duffy, Molly, Lennox, Kim, Jack, Waltraud, Rosalie, Elsa, Romeo, Rocky und Tosca bedanken, die mit Hingabe beim Fototermin auch viele Wiederholungen einer Übung toleriert und mit Bravour umgesetzt haben!

Dieses Buch möchte ich Miriam widmen!

Frühjahr 2009
Celina del Amo

Register

Die in diesem Buch enthaltenen Empfehlungen und Angaben
sind von der Autorin mit größter Sorgfalt zusammengestellt und
geprüft worden. Eine Garantie für die Richtigkeit der Angaben
kann aber nicht gegeben werden. Autorin und Verlag übernehmen
keinerlei Haftung für Schäden und Unfälle. Der Leser sollte bei der
Anwendung der in diesem Buch enthaltenen Empfehlungen sein
persönliches Urteilsvermögen einsetzen.

**Bibliografische Information der
Deutschen Nationalbibliothek**
Die Deutsche Nationalbibliothek
verzeichnet diese Publikation in der
Deutschen Nationalbibliografie;
detaillierte bibliografische Daten sind
im Internet über http://dnb.d-nb.de
abrufbar.

Bildquellen
Die **Fotos** auf den Seiten 6/7, 10, 18/19,
29, 32/33, 76/77, 84/85 und 92/93 stam-
men von Heike Schmidt-Röger, alle wei-
teren Fotos im Innenteil stammen von
Dieter Kothe. Die **Zeichnungen** fertigte
Oliver Eger, Langerringen. **Titelfoto:**
Tierfotoagentur/S. Schwerdtfeger

© 2009 Eugen Ulmer KG
Wollgrasweg 41
70599 Stuttgart (Hohenheim)
E-Mail: info@ulmer.de
Internet: www.ulmer.de

Lektorat: Adina Lietz,
Antje Springorum
Herstellung: Ulla Stammel
Umschlagentwurf: Christina Schaal,
Reutlingen
Innenlayout und Satz: Christina Schaal,
Reutlingen
Repro: Medienfabrik, Stuttgart
Druck und Bindung: Westermann
Druck, Zwickau
Printed in Germany

ISBN 978-3-8001-5697-9